U0295854

胜利油田滨南油区疏松砂岩油藏防砂工艺技术

主　编　谢凤猛

副主编　宋清新　李常友

合肥工業大學出版社

内容提要

本书从胜利油田滨南油区疏松砂岩油藏出砂机理入手，介绍了滨南油区油水井出砂预测、水驱油藏、稠油油藏及水平井、注水井等防砂工艺、防砂材料、防砂管柱、实施效果等相关内容。

本书可供从事疏松砂岩出砂油藏防砂开发、生产管理的工程技术人员和研究人员，特别是井下作业方面的工程技术人员及相关院校师生参考。

图书在版编目(CIP)数据

胜利油田滨南油区疏松砂岩油藏防砂工艺技术/谢凤猛主编．—合肥：合肥工业大学出版社，2019.7

ISBN 978-7-5650-4583-7

Ⅰ.①胜…　Ⅱ.①谢…　Ⅲ.①砂岩油气藏—油井防砂—研究　Ⅳ.①TE343

中国版本图书馆 CIP 数据核字(2019)第 169186 号

胜利油田滨南油区疏松砂岩油藏防砂工艺技术

谢凤猛　主编　　　　责任编辑　王　磊

出　版	合肥工业大学出版社	**版　次**	2019 年 7 月第 1 版
地　址	合肥市屯溪路 193 号	**印　次**	2019 年 7 月第 1 次印刷
邮　编	230009	**开　本**	710 毫米×1010 毫米　1/16
电　话	艺术编辑部：0551-62903120	**印　张**	10.5
	市场营销部：0551-62903198	**字　数**	200 千字
网　址	www.hfutpress.com.cn	**印　刷**	安徽昶颉包装印务有限责任公司
E-mail	hfutpress@163.com	**发　行**	全国新华书店

ISBN 978-7-5650-4583-7　　　　定价：48.00 元

编　委　会

前　　言

疏松砂岩油藏地质胶结弱，岩性疏松，易出砂。统计世界范围内616个大中型油气田，疏松砂岩油藏约占全部的56.2%，出砂导致近井地带亏空、井下管柱受损、地面砂液分离及集输等问题，严重制约了该类油藏的开发。胜利油田是国内最大的疏松砂岩油田，80%以上的储量与年产量均集中在出砂油井，而滨南油田出砂油藏有常规水驱、高含水、热采开发等区块单元，多年来，先后开展了常规直斜井防砂、水平井防砂、裸眼完井防砂等，防砂工艺囊括了化学防砂、滤砂管防砂、循环充填防砂、挤压充填防砂、压裂防砂等技术系列。不同工艺措施在该区块不同油藏条件下的应用，充分体现了技术与油藏的对应性，根据地层条件选择防砂工艺，根据工艺选择不同的防砂材料，调整适当的技术参数，有效地发挥了不同技术的优势，为防砂后高产稳产、长效采液提供了模板式技术参考。

本书力求保证防砂技术的传承性、不同油藏不同井况下的技术系统性、新技术新工艺的引导性，全面展现了滨南油区防砂工作者们近40年的不断探索与成功经验。编者所在的项目组长期以来在第一线从事滨南油区的防砂工作，从早期的防御性防砂措施，到目前的增产型分层段防砂，系统总结了成败经验，同时项目组成员在防砂基础理论研究、防砂室内物模数模试验、防砂工具及产品研发、防砂材料设计与开发、防砂工艺优化与设计、大型防砂方案编制等方面，均获得了丰富的经验。

本书详细介绍了滨南油藏的区块特点、开发历程以及防砂工艺的探索与成就，水驱油藏、热采油藏、水平井、水井四种条件下防砂的理论与技术体系，集中了目前国内外几乎所有类型的防砂工艺，可为防砂技术工作者们提供有效借鉴与参考。本书主要具有以下几个特点：

(1) 本书为国内第一部以现场实际应用效果为基础，分析防砂技术适应性的公开出版物。

（2）本书内容涉及了目前国内油水井主要的出砂油藏类型，重点介绍了水驱、热采等油藏的防砂技术经验，每项技术充分展现了技术原理、技术特点与优势、技术应用范围、现场效果等，涉及了目前国内外主导的化学防砂技术、滤砂管防砂技术、充填防砂技术、压裂防砂技术等四个技术系列十余项技术措施，是一本防砂技术应用的指导性书籍。

（3）本书与现场实际结合性强，从现场中来，到现场中去，由现场需求分析、引导技术发展，从技术应用效果调整细节参数，是一本实用性、参考性很强的防砂技术参考书。

（4）本书中分层防砂技术系列、热采井多段塞充填防砂技术系列、水力喷射泵防砂采油系列、裸眼水平井分段防砂分段注汽技术系列均为国内外首次出现在防砂书籍中的新型防砂技术，具有较高的参考价值。

本书共分为6章，在编写过程中，得到了胜利油田石油工程技术研究院和滨南采油厂领导、专家的热心指导与帮助，谨在此一并对他们表达深切的谢意。

由于本书编者能力有限，书籍中难免出现疏漏、表达不清晰甚至表述错误之处，敬请读者在阅读之时提出宝贵意见。

编委会

2019年3月

目　录

第1章 绪 论

滨南油区（滨南采油厂）是中国石油化工股份有限公司胜利油田分公司下属的重要石油开发单位，共管辖八个油田的探勘与开发，建厂以来，累计探明储量超过5.7亿吨，累计产油近9000万吨。滨南油区以疏松砂岩油藏为主，出砂严重制约着油藏的开发与利用，几十年来，科技工作者形成了一系列先进有效的防砂技术与施工经验，为石油资源的开发与利用提供了有效借鉴。

1.1 滨南油区疏松砂岩油藏概况

滨南油区已经投入开发的八个油田中，尚店油田、林樊家油田、单家寺油田及王庄油田属于典型的疏松砂岩出砂油藏，动用含油面积98.02km^2，地质储量18981万吨，是滨南油区原油生产的主力区块。其主力出砂层位有馆陶组、沙河街组，严重影响了油水井的正常生产。由于出砂严重、构造复杂、粒径差异大、井况复杂等原因，油水井投产前均需对地层做防砂处理，由于储量大、比重大，所以疏松砂岩出砂油藏的开发效果优劣，直接决定了我厂整体开发效果的好坏。截至目前，滨南油区出砂油藏主要包括林樊家油田、尚店油田尚一区北部馆2东3等14个开发单元、单家寺油田稠油单元、王庄稠油单元及郑408块。含油层系较多，自下而上有孔店组、沙三段、沙一段、东营组、馆陶组五个层系，动用地质储量1.68亿吨，占滨南总动用储量的38.3%，整体采收率22.7%，累计产油3042.03万吨，为滨南油区的持续稳产、上产提供了重要支撑。

1.2 滨南油区整体防砂技术现状

经过不断攻关与创新，逐步形成了以机械防砂、化学防砂、复合防砂为主导的“三大防砂工艺”，同时根据油藏和储层的不同特点细分为12项防砂技术，防砂工艺技术已初具规模，成功助力四个出砂油田的正常生产。其中高压挤压砾石充填防砂技术约占到50%左右，成为滨南油区主导防砂工艺措施。

表1-1　滨南采油厂年防砂工艺份额统计表

序号	防砂工艺	百分比（%）	累积百分比（%）
1	高压砾石充填防砂	50	50
2	HY化学防砂	11	61
3	固砂剂防砂	10	71
4	解堵挤压充填防砂	6	77
5	树脂固砂剂	5	82
6	固砂挤压充填防砂	4	86
7	管内砾石充填	3	89
8	防膨挤压充填防砂	3	92
9	压裂防砂	3	95
10	分层分段充填防砂	2	97
11	悬挂滤砂管防砂	2	99
12	小直径筛管防砂	1	100

统计2004年以来滨南油区1200井次油井防砂，成功率（防砂后有效生产天数＞30d）达到93.92%，有效率（防砂后有效生产天数＞90d）达到92.83%。防砂井平均日产液23.88t/d，平均日油4.64t/d。

表1-2　滨南采油厂防砂工艺整体效果统计表

2004—2017年滨南油区油井统计结果表									
统计结果		井次	成功率%	有效率%	平均有效期d	日均增液t/d	日均增油t/d	日均产液t/d	日均产油t/d
全部井	总井次	1200	93.92	92.83	957.19	16.79	2.71	23.88	4.64
	成功井次	1127	—	—	1018.96	18.28	3.04	23.88	4.64
	有效井次	1114	—	—	1030.18	18.24	3.04	23.88	4.64
已失效井	总井次	318	77.04	72.96	569.51	11.94	1.64	19.2	5.07
	成功井次	245	—	—	738.14	13.35	2.16	19.21	5.07
	有效井次	232	—	—	776.28	17.12	2.83	19.19	5.08
继续有效井		882	—	—	1096.96	18.54	3.1	24.74	4.56

随着防砂技术的进步，防砂工艺效果与适应性逐渐增强，统计2010年以来所有井防砂有效期，防砂整体有效期呈现逐年上升趋势。整体有效期压裂防砂与砾石充填防砂均达到1300d以上，化学防砂有效期达到650d，截至2017年，平均有效期达到1293d。

表1-3 滨南采油厂防砂工艺有效期统计表

年份	2010	2011	2012	2013	2014	2015	2016	2017	平均值
化学防砂	821.47	683.94	508.49	651.79	1071.55	684.56	491.98	649.11	674.45
涂料砂充填	985.47	1007.55	871.36	768.19	789.66	1243.88	760.67	981.93	867.19
压裂防砂	1402.14	806.31	876.08	1347.93	1544.21	1654.34	1841.04	1356.87	1326.79
砾石充填	657.47	803.45	858.01	938.95	1081.93	1088	1283.22	1536.48	939.14
滤砂管防砂	804.9	991.78	826.52	880.77	893.78	973.02	1110.52	1131.39	899.21
平均值	724.8	832.67	839.71	922.48	1045.32	1074.48	1162.83	1293.16	935.96

第 2 章　油水井出砂机理与系统出砂预测

2.1　油水井出砂机理

2.1.1　拉伸破坏机理

流体流动作用于炮孔周围地层颗粒上的水动力拖曳力过大，使得炮孔壁岩石所受径向应力超过其本身的抗拉强度，脱离母体而导致出砂与过大的开采流速及液体黏度有关，它具有自稳定效应。向里流动所产生的拉伸破坏过程如图 2－1 所示：

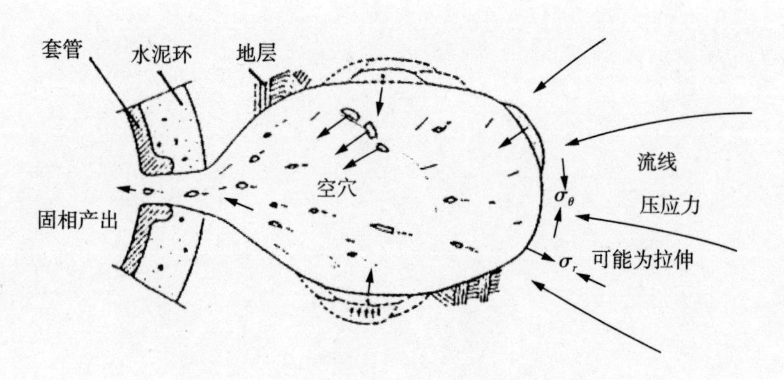

图 2－1　向里流动产生孔穴壁的拉伸破坏

2.1.2　剪切破坏机理

剪切破坏是大多数现场出砂的基本机理。通常以岩石力学的库仑－摩尔破坏准则为基础，认为出砂是由于炮孔及井眼周围的岩石所受的应力超过岩石本身的强度使地层产生剪切破坏，从而产生了破裂面，破裂面的产生降低了岩石承载能力并进一步破碎和向外扩张，同时由于产液流动的拖曳力，将破裂面上的砂粒携带出来，导致出砂。与过大的生产压差有关，剪切破坏将造成大量突发性出砂，严重时砂埋井眼，造成油井报废。

2.1.3　微粒运移机理

油藏中的非固结砂、黏土颗粒及破坏后的散砂，在流体流动拖曳力作用下产生移动而进入井眼，造成出砂。这与流体流速密切相关。

综合上述出砂的三个机理，砂粒产出的微观模型如图 2-2 所示。

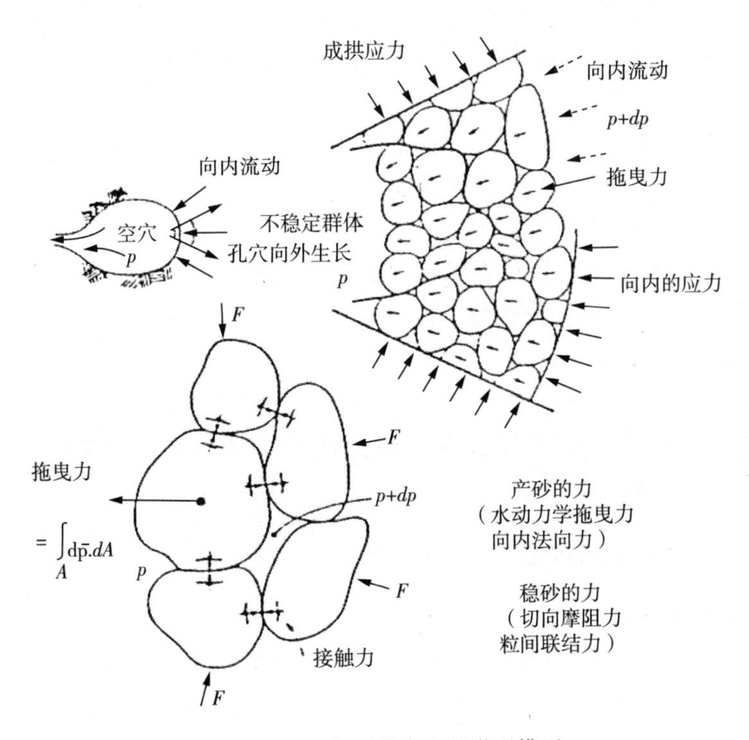

图 2-2　固相颗粒产出的微观模型

2.1.4　含水饱和度对出砂机理的影响

1. 含水升高使得岩石强度降低

产水能溶解砂粒间的一部分胶结物，使得地层的胶结强度下降，某些黏土胶结物含水升高后其强度可下降 11%～24%。这样，岩石就极易发生破坏，产生变形，为出砂的第一阶段创造了条件。

2. 含水上升破坏了孔隙内油流连续性

研究得知油砂颗粒周围一般都包有极薄的黏土膜，砂层之间的微孔道非常多，油层内部还有很薄的黏土夹层，当含水升高时，砂粒周围的黏土发生体积膨胀，使得油流通道变小，降低了油相渗透率，极大地增加了油流阻力，增加了产液对砂粒的拖曳力，同时，为出砂创造了条件。

油流的含油饱和度较高时，油流在孔隙内部成连续状态，这时少量的束缚水在孔隙外围，并把极少的自由颗粒固定下来，在相当大的油流速度下也不会被冲走。当含水量较大时，会破坏油流的连续性，使之成为大小不等的油滴，从而使油流的单相流动变成油水两相流动，增加了油流的阻力。另外，当水成为流动的连续相时，流动的剪切面为砂粒表面，只要流速稍增大，就会把原来稳定在砂粒表面的松散微粒冲走，并在某些部位发生堆积，堵塞流动孔隙，严重降低地层的渗透率。在流量不变的情况下，由于渗透率的下降，使得生产压差增大，从而为出砂创造了条件。

3. 产生了水锁效应，增加了油流阻力

根据岩心的相渗曲线可得到孔隙内含水饱和度的改变对油和水的相对渗透率的影响。在原始条件下，岩心为束缚水饱和度，此时，油相渗透率很高，接近1，随着含水的上升，油相渗透率下降，水相渗透率升高。而且，含水饱和度略微有所升高，油相渗透率就发生非常大的降低，从而大大的增大了流动阻力，诱发了地层出砂。另外，含水上升，使得砂粒间的毛细管力降低，从而使砂粒间的内聚力降低，所以，当大排量提液时，油流的拖曳力极大地超过了砂粒间的内聚强度，导致油层出砂。

2.1.5 水驱疏松砂岩油藏出砂机理

1. 地层压降和生产压差影响

地层压力为原油提供从地层流入井底的动力。地层中的上覆岩层压力是依赖孔隙内的流体压力（地层压力）与岩石自身的强度（有效应力）来达到平衡的。即：

$$P_0=P_p+\sigma \tag{2-1}$$

式中：P_0——上覆岩层压力值，MPa；

P_p——地层压力或者地层孔隙压力值，MPa；

σ——骨架之间接触应力，MPa。

在油层未被开采时，P_0是保持不变的，岩层是处于稳定的状态。随着油层的不断开采，地层压力 P_P会随之下降。如果开采方式是衰竭式的，地层的压力则会出现快速下降。由于上覆岩层压力的不变，地层的压力下降会使岩石颗粒的有效应力变大，当达到或超过了地层的自身强度时，岩石骨架将会被破坏，地层颗粒将被流体携带入井底，造成出砂现象。所以在油田开采的过程中，如果不是条件有限或者开采难度偏大，一般都最好不要进行衰竭式的开采，这样很容易使岩石因上覆岩石的压力大于抗压强度而造成破裂，使整个地层构造失稳而严重出砂。

在油田开采过程中，如果生产压差过大，地层流体的渗流速度会很大，对岩石的冲刷速度也会很大，势必会对岩石的结构造成破坏，导致岩石破裂并不断地被流体携带出来，使出砂现象加剧。

2. 流速影响

决定流体是否出砂的关键因素是判断流体的拖曳力是否克服岩石基质的阻力。当流体流经过砂岩的时候，其黏滞力会是主要拖曳力。砂岩基质的阻力主要是面积力。所有的面积力会联合起来和体积力相抗衡。

在出砂机理的研究中，让充填砂开始流动的速度叫作门限流速，而使骨架砂转变为自由砂的流速则称之为临界流速。流速高于临界流速时出砂将加剧。随着流速的增大，出砂量会增加。所以，在进行油藏开采时，要尽可能将流速控制在临界之内，这样可以降低出砂概率。

3. 含水饱和度影响

含水升高能溶解砂粒间的一部分胶结物，使得地层的胶结强度下降，某些黏土胶结物含水升高后其强度可下降 11%～24%。这样，岩石就极易发生破坏，产生变形，为出砂的第一阶段创造了条件。

2.2　油水井出砂预测

油水井系统出砂预测对于油水井工作制度的制定、合理防砂方法的筛选以及防砂工艺技术措施的制定等具有重要的意义。

2.2.1　出砂静态预测模型

目前常用出砂静态预测模型主要包括声波时差法、地层孔隙度法、出砂指数法和斯伦贝谢比法等，国内外学者对上述方法开展了深入研究，发展了一系列出砂预测模型。

1. 声波时差法

声波时差法是利用测井声波在地层中的传播时差来预测地层出砂情况。声波时差从一个侧面反映了地层的压实程度，一般用纵波时差来预测出砂程度。纵波时差是纵波传播速度的倒数。纵波时差越大，胶结越疏松。

采用声波时差法预测储层出砂可能性判断标准如下：

(a) 当 $\Delta t_v < 312\mu s/m$ 时，储层稳定不出砂；

(b) 当 $312\mu s/m \leqslant \Delta t_v \leqslant 345\mu s/m$ 时，储层可能出砂；

(c) 当 $\Delta t_v > 345\mu s/m$ 时，储层极易出砂。

其中，使用到的声波时差判断界限各油田取值不一，胜利油田防砂中心对国内油藏数百口井的统计分析发现，当 $\Delta t_v \geqslant 295\mu s/m$ 时，生产过程一般出砂，油井投产前应考虑采取防砂措施。

2. 地层孔隙度法

孔隙度是反映地层致密程度的一个参数，利用测井和岩心室内试验可求得地层孔隙度在井段纵向上的分布。一般情况下，当孔隙度大于30%时，表明地层胶结程度差，出砂严重；而当孔隙度在20%～30%之间时，表明地层出砂减缓；当地层孔隙度小于20%时，则表明地层出砂轻微。

3. 出砂指数模型

出砂指数法是利用测井资料中的声速及密度等有关数据计算岩石力学参数，采用组合模量法计算地层的出砂指数进而进行出砂预测的一种方法。地层的岩石强度与岩石的剪切模量 G、体积模量 K 有良好的相关性，且均为测井资料中声波、密度、井径、泥质含量等参数的函数。

出砂指数可根据岩石密度和声波时差直接计算：

$$B = K + \frac{4G}{3} = \frac{\rho_r}{(\Delta t_v)^2} \times 10^9 \tag{2-2}$$

式中，B——出砂指数，MPa；

K——岩石体积弹性模量，MPa；

G——岩石切变弹性模量，MPa；

ρ_r——地层岩石体积密度，g/cm^3；

Δt_v——岩石纵波时差，us/m。

出砂指数越小，表明岩石强度越低，地层越容易出砂。根据现场大量油气井出砂资料及测井曲线处理后的出砂指数对比，总结其出砂判断标准如下：

(a) 当 $B > 2\times 10^4$ MPa 时，正常生产油气井不出砂；

(b) 当 1.4×10^4 MPa$<B<2\times10^4$ MPa 时，油层轻微出砂；

(c) 当 $B<1.4\times10^4$ MPa 时，油层严重出砂。

4. 斯伦贝谢比模型

斯伦贝谢比法是通过计算岩石斯伦贝谢比来判断地层出砂可能性的预测方法。斯伦贝谢比等于岩石剪切弹性模量与体积弹性模量的乘积，也可以直接根据测井资料计算得到，其计算公式如下：

$$R=K\cdot G=\frac{C^2\cdot(1-2\mu)(1+\mu)}{6(1-\mu)^2}\frac{\rho_r{}^2}{\Delta t_v{}^4} \tag{2-3}$$

式中，R—斯伦贝谢比，MPa²；

μ—岩石泊松比，无因次。

R 值越大，岩石强度越大，稳定性越好，不易出砂。

石油勘探开发研究院研究认为：当 R 值小于 5.9×10^7 MPa² 时，油气层出砂，否则不出砂。斯伦贝谢公司对墨西哥湾进行大量试验研究后提出：R 值大于 3.8×10^7 MPa² 时油气井不出砂，而小于 3.3×10^7 MPa² 时则有可能出砂。

根据斯伦贝谢比法判断油气层胶结强度参数见表 2-1 所列。

表 2-1　油层出砂斯伦贝谢比经验门槛值

参数	一般砂岩	松软地层	坚硬地层
切变模量/MPa	4140	2760	稍大于 4140
体积模量/MPa	8970	5310	高至 27600
斯伦贝谢比/MPa²	3.71×10^7	1.47×10^7	稍大于 11.4×10^7

总结上述模型及方法可看出：上述模型主要基于开发初期油层静态资料（测井资料、孔隙度资料等）开展出砂程度预测，而随着开发过程深入，油层含水、油井生产压差等实时变化，导致油井出砂程度实时变化，有必要将上述常规方法进一步发展，以适应油井出砂动态预测研究的需要。

2.2.2　出砂动态预测模型

油田开发实践表明：储层压力亏空及含水上升是油田投入开发后近井储层出砂加剧的两个主要影响因素，在出砂动态预测模型构建时应加以考虑；另外，储层岩石类型是影响油井出砂的内在因素，因为不同类型储层岩石抵抗外在破坏的能力存在显著差异，因此，引入了“岩性影响因子”这一概念定量描述不同类型岩石抵抗外在出砂（压力亏空、含水上升）的能力。

1. 动态出砂指数计算模型

在前人研究[1-7]基础上，引入上述影响油井出砂的3个重要因素项，在传统的静态出砂指数基础上建立如下出砂指数动态模型：

$$B=[1-\alpha\cdot(w-w_0)]\cdot\left(1-\alpha\cdot\frac{\Delta P}{P_0}\right)\cdot\frac{\rho_r}{\Delta t_v^2}\times10^9 \tag{2-4}$$

式中，α——出砂影响因子（小数），根据具体区块开发资料拟合得到；

w——含水率，小数；

w_0——初始含水率，小数；

ΔP——生产压差，MPa；

P_0——油藏初始压力，MPa；

Δt_v——纵波时差，μs/m，由开发初期测井资料得到；

ρ_r——岩石密度，g/cm^3。

2. 动态斯伦贝谢比计算模型

同样的，在前人研究的基础上，引入上述影响油井出砂的3个重要因素项，同时考虑量纲关系，在传统的静态斯伦贝谢比模型的基础上建立如下斯伦贝谢比动态模型：

$$R=[1-\beta\cdot(w-w_0)]^2\cdot\left(1-\beta\cdot\frac{\Delta P}{P_0}\right)^2\cdot\frac{C^2\cdot(1-2\mu)(1+\mu)}{6(1-\mu)^2}\frac{\rho_r{}^2}{\Delta t_v{}^4} \tag{2-5}$$

式中，β——出砂影响因子（小数），可根据具体区块开发资料拟合得到。

分析上述出砂动态预测模型可看出，该模型由两部分组成，一部分反映储层岩石固有属性（包含密度及波速参数），另一部分反映生产因素对出砂影响（包含含水率、生产压差等参数），这也使得上述出砂动态预测模型具有较强的普适性，既可以开展开发初期出砂静态预测，也可以开展开发过程出砂动态预测。

2.2.3 应用实例分析

以单6－6－侧18井、林中12－更12井、尚3－更211井、郑41－3－斜17井为例，利用测井数据计算了上述四井储层段出砂指数，模拟发现上述四井储层段均存在较为严重的出砂倾向，在生产过程中必须采取防砂措施。（图2－3至图2－6）

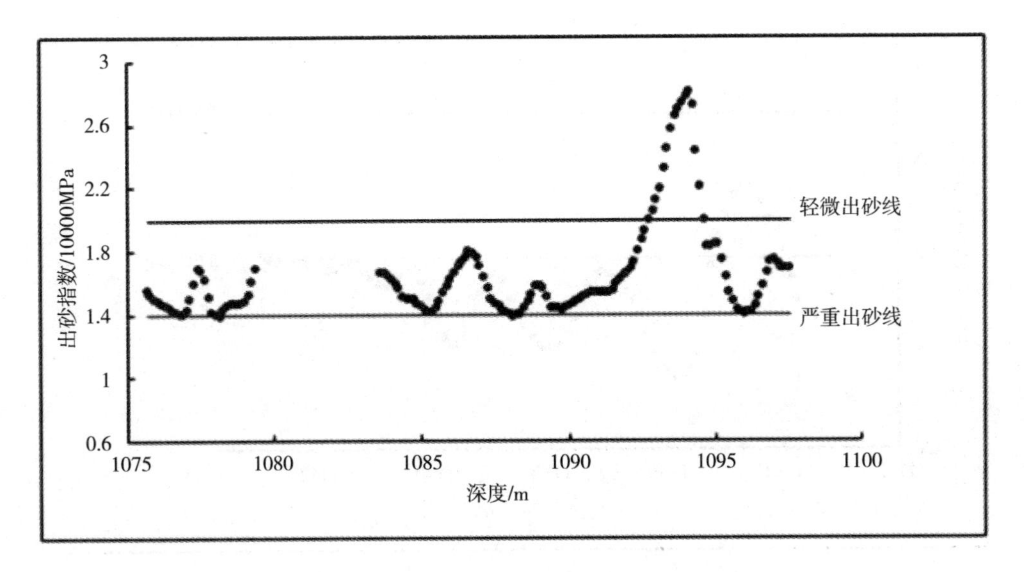

图 2-3　单 6—6—侧 18 井出砂指数

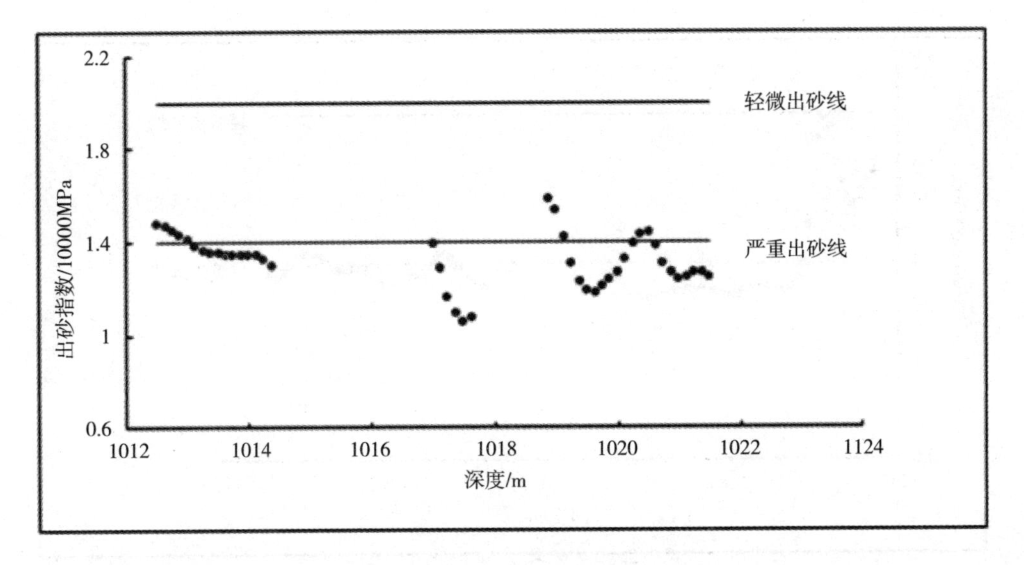

图 2-4　林中 12—更 12 井出砂指数

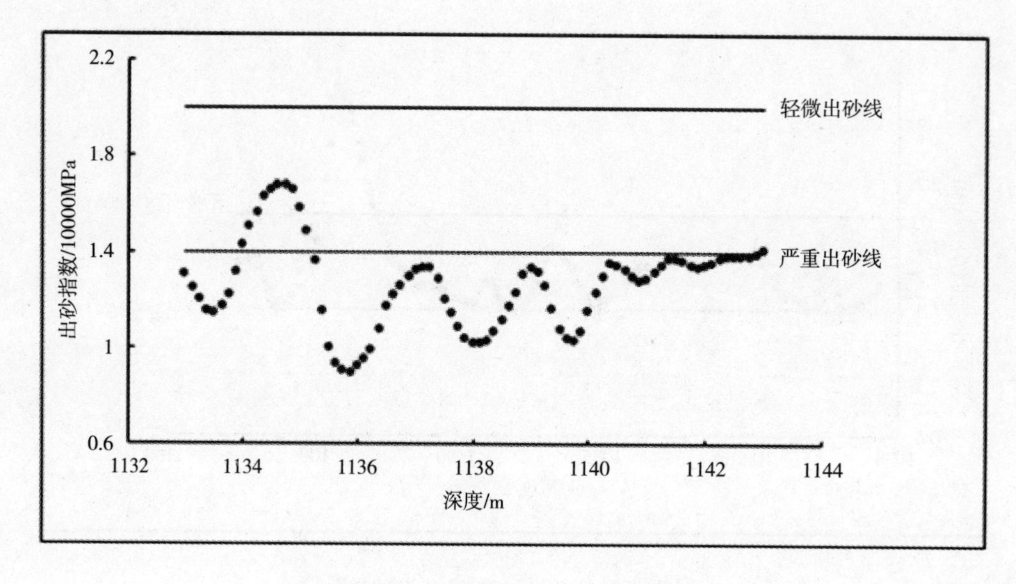

图 2-5 尚 3—更 211 井出砂指数

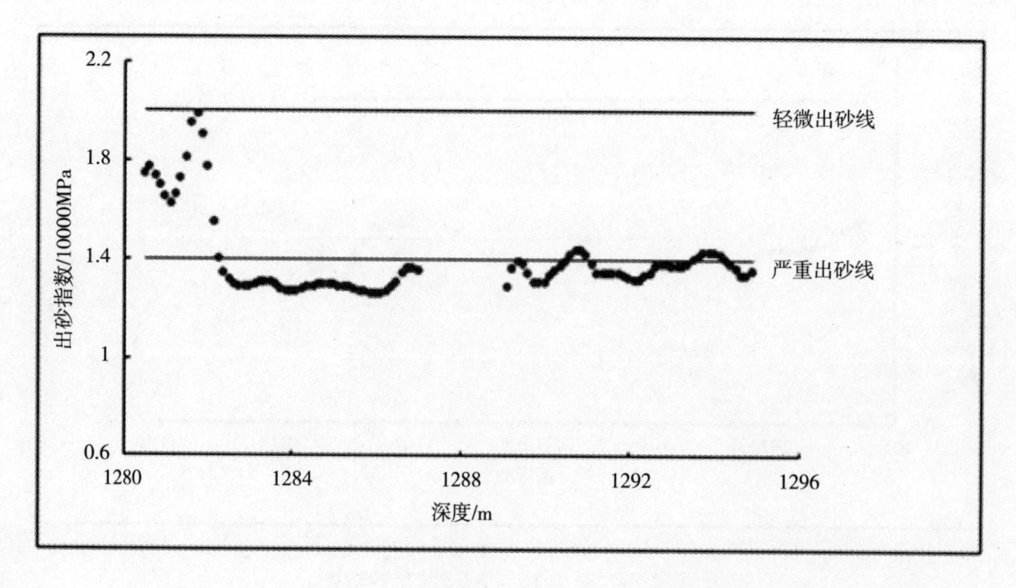

图 2-6 郑 41—3—斜 17 井出砂指数

第3章　水驱疏松砂岩油藏防砂工艺技术

以尚店和林樊家为主的水驱疏松砂岩油藏，油层埋藏浅、结构疏松、出砂严重，油水井防砂成为油层改造的主要技术手段。防砂工艺由金属绕丝筛管管内砾石充填逐步发展到以高压充填复合防砂、一次性高压充填防砂、压裂防砂等防砂工艺技术系列，形成了适合尚店、林樊家油田特色的防砂工艺，为林樊家油田稳产上产提供了强有力的技术支撑。

3.1　油藏分布与特征

尚店和林樊家油田含油面积104.6km^2，探明石油地质储量11930×10^{4}t，自下而上主要有沙河街、东营、馆陶和孔店等多套含油层系。埋藏浅、结构疏松、出砂严重，防砂成为油层改造的主要技术手段。

3.1.1　尚店油田开发概况

1. 概况

尚店油田位于山东省滨州市境内西北方向，距市中心12km的里则镇、尚店乡、杜店镇三地区范围内。构造位置位于东营凹陷最西缘，东南面以鞍部构造与平方王油田相连，西面为林樊家突起，南邻里则镇洼陷，东北以断层和滨南油田滨三区相隔。

2. 构造、断裂特征

尚店油田为一被断层复杂化的近东西向的鼻状构造。通过526口井的钻进资料（主要靠测井图），在118口井的不同层位钻遇断点153个，断点落差大小不等，差别较大，一般落差10～30m。利用其中103个断点组合29条断层。

尚店油田第三系地层被大小29条断层切割，从西向东划分为七个断块区，分别是：滨509断块、滨308断块、滨28断块、滨673断块、滨30断块、滨

255断块、滨79断块。尚店油田馆陶—东营组油藏又被不同的断层切割，使构造变得较复杂。从整体上看，滨509断块、滨308断块、滨28断块、滨30断块区为西北高东南低的单斜，滨255断块、滨79断块区是被断层复杂化的小背斜。

3. 储层特征

尚店油田经钻井揭露的地层有：下第三系沙河街组、东营组，上第三系馆陶组、明化镇组，以及第四系平原组。沙四段地层在本区尚未被钻穿，滨254井是本区最深探井，当完钻井深钻达2558m时仍未钻穿沙四段地层。尚店油田目前探明并开发的含油层系共有七套，分别是：沙四中段、沙四上段、沙三段、沙二段、沙一段、东营组、馆陶组。

沙四段含油部位在沙四上、沙四中储层中。沙四中油层主要分布于滨79块、滨255块，属湖相三角洲沉积。沙四中储层以粉细砂岩为主，胶结类型以孔隙式、孔隙—基底式为主，胶结物以灰质为主，次为泥质。沙四中储层平均孔隙度25.5%，平均渗透率$114.8\times10^{-3}\mu m^2$，含油饱和度63%。沙四上是一套砂质灰岩地层，主要分布于滨30块、滨255块，属滨湖相沉积。灰岩有生物隐晶灰岩、生物碎屑灰岩，砂岩以粉细砂岩为主。沙四上灰岩孔隙类型有粒间孔、溶蚀孔、微裂缝，沙四上灰岩平均孔隙度23.2%，平均渗透率$446.6\times10^{-3}\mu m^2$，含油饱和度67%。因沙四段末期遭受风化剥蚀，尚店构造高部位缺失沙四上段地层。

沙三段油层主要分布在滨30块、滨255块、滨73块，属湖相三角洲沉积，储层岩性为块状粉细砂岩，胶结类型以接触—孔隙式为主，胶结物为泥、灰质。沙三段储层物性较好，平均孔隙度32.4%，平均渗透率$453.2\times10^{-3}\mu m^2$，含油饱和度68%。滨30块沙三段块状粉细砂岩是尚店油田乃至整个滨南油田的高产高效区块。

沙二段地层属湖相三角洲前缘沉积，地层由东、南向西、北逐渐变薄直至尖灭，沙二段砂层不发育，胶结类型以孔隙式为主，胶结物为灰质。平均孔隙度22.3%，平均渗透率$86.8\times10^{-3}\mu m^2$，含油饱和度68%。

沙一段为滨湖相沉积。沙一段地层分上、下两段：上段主要是灰色和灰绿色泥岩，下段为灰质砂岩、薄层生物灰岩、白云岩、油页岩等特殊岩性段，平均厚度30～50m。储层主要以薄层生物灰岩的原生储集空间一粒间孔、生物体腔孔、次生储集空间粒内溶蚀孔、粒间溶蚀孔、晶间孔、微裂缝储油为主，其次灰质砂岩孔隙储油。沙一段储层物性较好，平均孔隙度25.1%，平均渗透率$317.3\times10^{-3}\mu m^2$，含油饱和度55%。

东营组油层主要分布在尚店油田西部，属湖相三角洲沉积。储层以细砂、粉砂为主，据粒度分析资料粗砂粒级含量0.24%，中砂粒级含量2.8%，细砂粒级含量42.9%，粉砂粒级含量45.3%，黏土含量8.2%。矿物含量石英51%、长石36%、岩块12%，胶结类型以孔隙式为主，其次是接触—孔隙式，胶结物为泥质。平均孔隙度 32.9%，平均渗透率 $353.2\times10^{-3}\mu m^2$，含油饱和度 62%。由于该组储层岩性细埋藏浅、胶结疏松、成岩性差，生产时极易出砂。

馆陶组油层主要分布在尚店油田中西部，属河流相沉积。馆陶组储层以细砂、粉砂为主，据粒度分析资料粗砂粒级含量 0.8%，中砂粒级含量 11.3%，细砂粒级含量 44.1%，粉砂粒级含量 32.8%，黏土含量 11.2%。矿物含量分别：石英 47.3%、长石 34%、岩块 18.3%，胶结类型以孔隙—基底式为主，其次是孔隙式，胶结物为泥质。平均孔隙度 28.5%，平均渗透率 $367.6\times10^{-3}\mu m^2$，含油饱和度 57%。由于馆陶组储层和东营组储层都具有岩性细埋藏浅、胶结疏松、成岩性差的共同特点，生产时极易出砂，必须采用防砂工艺才能正常生产。

4. 流体性质

(1) 原油性质

各含油层系原油性质差异较大，地面原油密度：馆陶组 $0.95g/cm^3$，东营组 $0.94g/cm^3$，沙一下 $0.96g/cm^3$，沙三 $0.9g/cm^3$，沙四中 $0.92g/cm^3$。地面原油黏度：馆陶组 513mPa·s，东营组 248mPa·s，沙一下 1587mPa·s，沙三 80mPa·s，沙四中 27～9025mPa·s，平均 400mPa·s。凝固点：馆陶组 −11℃，东营组 −6℃，沙一下 −3℃，沙三 0℃，沙四中 5℃～10℃，平均 7.5℃。

(2) 天然气性质

天然气组分以甲烷为主，甲烷含量：馆陶组 94.09%，东营组 93.71%，沙一段 95.82%，沙三段 88%，沙四段 83.6%。二氧化碳含量：馆陶组 1.2%，东营组 2.83%，沙一段 2.4%，沙三段 9.4%，沙四段 8.27%。相对密度：馆陶组 $0.613g/cm^3$，东营组 $0.613g/cm^3$，沙一段 $0.5866g/cm^3$，沙三段 0.66%，沙四段 $0.698g/cm^3$。

(3) 地层水性质

本油田水型有两种，即 $CaCl_2$ 和 $NaHCO_3$。馆陶组水型为 $CaCl_2$，总矿化度 10889.3mg/L，Cl^- 浓度 6205.5mg/L。东营组水型为 $CaCl_2$，总矿化度 15813mg/L，Cl^- 浓度 8910mg/L。沙一段水型为 $CaCl_2$，总矿化度 28316.8mg/L，Cl^- 浓度 17375.4mg/L。沙三段水型为 $NaHCO_3$，总矿化度 30000mg/L，Cl^- 浓度 14000mg/L。沙四段水型为 $NaHCO_3$，总矿化度 43674.3mg/L，Cl^- 浓度 25637mg/L。

5. 油藏类型、油气水界面

沙四中油层主要分布在尚店油田东部滨 79 块，油藏类型为构造油藏，具有统一的油水界面 1530m。

沙三油层主要分布在滨 30 块、滨 255 块、滨 73 块，滨 30 块油藏类型为断块油藏，油水界面 1472m。滨 255 块油藏类型为构造油藏，油水界面 1450m。滨 73 块油藏类型为构造油藏，油水界面 1410m。

沙一段油层分布在滨 28 块、滨 308 块、滨 673 块，为地层超覆形成的地层油藏，油水界面 1240～1300m。

东营组油藏类型为构造—地层油藏，没有统一的油水界面。中部东四、东五油水界面 1210～1220m，北部东三组 1140m 就见水，南部东一、东二在 1165m 左右见水。

馆陶组属岩性—地层油藏，没有统一的油水界面。南部 1110m 见水，但有的井 1190m 还是油层。北部油水界面是 1120～1150m。

3.1.2　林樊家油田开发概况

1. 概况

林樊家油田地处滨州市和惠民县城之间，该油田构造位置位于东营凹陷和惠民凹陷之间的林樊家构造的东部偏南。南部以林南大断层为界与里则镇向斜相邻；东部以尚店油田西部沙一段超覆线为界与尚店油田相邻；北部和西部过渡在林樊家构造上。

2. 构造、断层特征

孔店组地层在林樊家构造形成发育时期长期裸露地表遭受剥蚀，并受林南大断层的影响，南、西部被抬高，向北、东倾伏，地层由北、东至南、西逐层剥蚀，呈上倾迭瓦状。馆陶组底界剥蚀面构造比较完整，为微弱东北倾的单斜构造，构造十分平缓，倾角 0.5～1.0 度。根据钻井资料，只钻遇一条断层－林南断层，走向南西－北东向，倾向南－南东，倾角 55 度左右，为继承性正断层，明化镇组落差 50～60 米，馆陶组落差 70～80 米。该断层控制了林樊家构造的形成和发育及孔店组以上地层的沉积。位于上升盘的林樊家构造无沙河街地层沉积。根据开发需要，又以林中 6－24、林 1－9 井中点和林中 4－18、滨 608 井中点的连线，把林樊家油田分为林东和林西两个开发区。

3. 储层特征

馆陶组共分为 4 个砂层组，各砂层组厚度约 45.0 米左右，1－3 砂层组油、气层平面局部分布，未划分小层，4 砂层组划分为 7 个含油小层；孔店组地层共划分 15 个砂层组，除第 1、13、14、15 砂层组不含油外，其他 11 个砂层组都含油，11 个砂层组共划分 36 个小层，其中 29 个小层含油。

本区油层薄，林东比林西富集，林东主块 59 口井，平均有效厚度 5.1 米，林西主块 85 口井，平均有效厚度 3.1 米。纵向上看，油层主要聚集在剥蚀面上下，含油井段集中，长约 40～60 米，埋深 977.0～1050 米左右；平面上看，馆陶组底部油层全区广泛分布，含油范围内除个别井因砂层尖灭未钻遇油层外，大多数井均钻遇该油层。馆陶组其他油层，平面上呈透镜状分布，连通面积小。

本区储集层岩性主要为细一粉细砂岩和粉砂岩，颗粒直径平均0.15mm，粒度中值0.14mm。岩石矿物石英和长石占70%～90%，岩石颗粒多为次棱角状，分选中等，分选系数1.5。储层岩石的胶结物成分主要为泥质和灰质，泥质含量6.1%，灰质含量4.3%。胶结类型据林15井薄片鉴定分析主要为孔一接式和接一孔式胶结，胶结疏松，成岩性差。储层孔隙据林13井5块压泵资料统计，孔隙半径平均为4.7μm，孔隙半径中值为4.25μm，主要孔隙区间为2.5～6.3μm。主要孔隙体积占总孔隙体积的40%～50%，大于0.1μm的孔隙体积占70%，主要流动孔隙体积占45%～60%，主要流动孔隙对渗透率的贡献值为99%，流动孔隙半径下限为0.25μm，孔隙半径变异系数为0.6～0.9，均质系数0.15～0.2。储层孔隙度15.8%～39.9%，平均31.6%。空气渗透率$4.0\times10^{-3}\mu m^2$～$3875\times10^{-3}\mu m^2$，平均$714.8\times10^{-3}\mu m^2$，残余油饱和度45.8%。

4. 流体性质

本区原油性质差别大，平面上看，滨545井和滨608井周围为特稠油区；西部馆陶组第四砂层组二、三小层原油密度大于$1.0g/cm^3$，黏度在3000mPa·s以上；馆陶组底部油层（馆陶第四砂层组五、六、七小层）和孔店组油层其地面原油密度最大$0.9782g/cm^3$，最小$0.9302g/cm^3$，平均$0.9521g/cm^3$；黏度最大4090.0mPa·s，最小133.0mPa·s，平均976.0mPa·s，一般150.0～500.0mPa·s。平面分布，林西中部和滨602断块及林17断块原油性质相对较好，相对密度在0.93～$0.96g/cm^3$，黏度在130.1～500.0mPa·s。其他断块相对较差，密度一般大于$0.96g/cm^3$，黏度一般大于1500.0mPa·s。天然气相对密度0.5918～$0.6107g/cm^3$，CH_4含量占93.0%～96.3%，只有少量的N_2和CO_2+H_2S气体；地层水除林17井区为底水，其他均为边水和层间水，总矿化度10630.0～21389.0mg/L，氯离子6312.0～13049mg/L，水型为氯化钙型。

5. 油藏类型、油气水界面

孔店组油藏具有多套油水系统，为层状油藏。馆陶组底部四砂层组第六小层油藏类型受林南大断层控制的构造岩性油藏，其他为岩性油、气藏；馆陶组林17井区油水界面为1036.0米左右，其他油层未见统一的油水界面。

3.2　滨南水驱疏松砂岩油藏防砂难点

尚林油田岩性为细一粉细砂岩和粉砂岩，粒度中值0.10mm；岩石矿物成分主要为石英和长石，分选差到中等；胶结疏松，易出砂的高孔、中高渗储层。生产过程中部分区域存在细粉砂运移问题，整体防砂难度较大。主要有“砂、敏、低、堵、异”等5个特点。

难点之一：“砂”，油藏埋藏浅，孔隙胶结，胶结疏松，易出砂；

难点之二：“敏”，油藏中强水敏，泥质含量高，易产生黏土膨胀伤害；

难点之三：“低”，边部油区渗透率低，油藏改造困难；

难点之四：“堵”，粉细砂微粒运移造成近井地带堵塞，产能下降；

难点之五：“异”，主力层层间差异较大，储量动用不均。

针对尚林油田开发中的5个突出矛盾，树立“精细开发”的理念，通过创新思路、系统优化、集成配套，形成了适合尚林油田的防砂开发工艺，实现了该油田的有效开发。

3.3 防砂工艺技术

林樊家、尚店自投入开发以来主要采用了单一绕丝管防砂、化学防砂、两步充填复合防砂、一次性高压充填防砂、压裂防砂等防砂工艺。开发初期，含水较低，出砂以胶结破坏出砂为主，防砂工艺单一，油井都采用绕丝筛管管内正循环砾石充填工艺防砂投产，随着东营组出砂油藏全面投入开发，防砂工作量逐年加大。经过不断探索和研究应用，逐步形成了水驱疏松砂岩油藏的防砂工艺体系：以复合防砂工艺为主导一次性充填、化学防砂为辅的防砂工艺体系。

3.3.1 两步法挤压循环充填防砂工艺技术

随着油田开发时间的延长，地层出砂程度加剧，亏空加大，防砂难度增加，加之地层压力高，地层亏空大的油井防砂成功率低，从1996年开始在尚店油田采用了先进行地层预充填，然后进行绕丝管循环充填的两步法复合防砂工艺。

复合防砂工艺技术是地层高压充填和管内循环充填的叠加，即首先对地层进行砾石充填，充分改造地层后对油套环空进行管内循环充填的一种防砂技术。原理如图3-1所示。

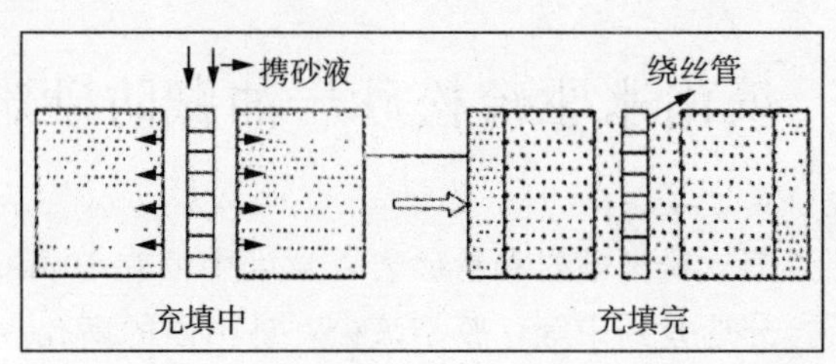

图3-1　两步法挤压充填原理示意图

1. 高压充填工艺

采用光油管下至油层部位上界 15～20 米，使用压裂车组以高压、大排量携砂液携带匹配粒径的砾石进入地层进行地层填砂（图 3-2），在地层近井地带形成一定半径的高渗透性防砂砂体，建立起以砂防砂的屏障，然后再下入绕丝管柱进行油套环形空间的砾石充填，使之与管外砂体形成连续的高渗透挡砂体系，绕丝管管柱滤住充填砂体，实现防砂和防堵塞目的。

高压充填所用砾石粒径为目的层粒度中值的 5～6 倍。高压充填施工中，携砂液携带砾石经过炮眼进入地层时具有一定的射流解堵作用，充填时的高压对油层产生一定的压裂作用，使油层裂缝增加，可提高地层渗透率。环空充填采用陶粒砂进行充填，压实作用强，耐腐蚀溶蚀能力强，砂体稳定，防砂有效期长，效果持久。

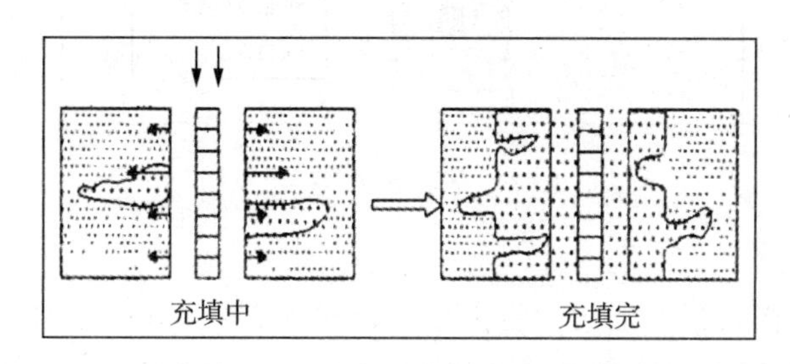

图 3-2　两步法挤压地层充填示意图

2. 管内循环充填工艺

管内循环充填防砂原理是将绕丝筛管下入油层部位，利用循环充填装置将绕丝筛管对准油层并悬挂、锚定、密封，然后打开循环充填通道，用本区块净化热污水由普通泵车以低排量（$0.4m^3/min$ 左右）、低砂比（4%～6%）将粒径 0.425～0.85mm 的砾石充填到筛、套环形空间，在筛、套环形空间形成连续稳定的高强度高渗透性砂体，形成人工砂体、绕丝筛管两套挡砂屏障，阻挡地层砂进入井筒，有效地控制地层出砂，保证油井正常生产。细砂被阻挡在地层粗砂一砾石防砂体以外，粉砂可通过防砂管的缝隙被携带至地面，因而可防止防砂管被堵死的现象发生。

3. 管柱设计

管内循环充填防砂工艺管柱主要由绕丝筛管、充填工具和油管等组成，具体结构：防砂丝堵＋油管短节（带扶正器）＋绕丝筛管（带扶正器）＋油管短节＋信号筛管＋油管短节＋循环充填工具＋油管＋高压滑动井口。循环充填工具悬挂、锚定防砂管柱并密封筛、套环形空间，提供循环充填、洗井通道；绕丝筛管覆盖油层阻挡石英砂和地层砂并提供流体通道；信号筛管反馈井下充填信息；高压滑动井口提供循环通道，便于调整管柱，确保倒扣丢手顺利；扶正器使施工管柱居中，砾石均匀地充填在筛管周围。（图 3-3）

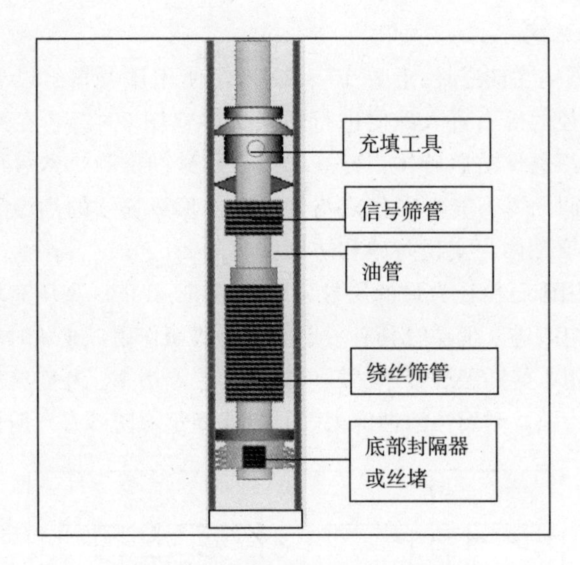

图 3-3　充填防砂管柱示意图

4. 技术参数

砂量设计：尚林油田油层大量出砂半径在 0.5～1.5m，最大出砂半径 1.5～3.4m，因此，高压充填处理半径设计为 2～4m，使用标准的 0.425～0.85mm 充填石英砂，则设计砂量为：

$$V=\pi R^2 h \tag{3-1}$$

式中：V 为设计砂量，m^3；h 为油层厚度，m；R 为防砂处理半径，m。

排量与携砂比设计：在地层填砂阶段，携砂液经过炮眼的流速必须大于石英砂的自由沉降速度，以防充填砂过早沉于环空中堵塞炮眼。根据理论计算和现场实践，在 139.7mm 套管中施工，排量应大于 1100L/min；在 177.8mm 套管中施工，排量应大于 1500L/min。地层填砂阶段携砂比应控制在 10%～50%，环空充填阶段携砂比应控制在 4%～6%。

携砂液用量为　　　　$V_1=1.6V/B+50$

式中：V_1为携砂液，m^3；1.6 为石英砂相对密度；B 为携砂比，f；50 为附加量，m^3。地层填砂末期压力取 25.0MPa，单车循环充填最终压力为 18.0MPa。

5. 应用情况

该工艺 1996 年 10 月在尚 5－27 井进行该工艺试验，开井后日液 12.6 吨，日油 8.2 吨，含水 35.2%。1996－2002 年共进行复合防砂施工 54 井次，有效率 92.6%，平均单井日液 18.2t/d，单井日油 4.7/d，含水 74.2%，有效期平均为

1474 天。2002 年以后，逐渐在防砂施工过程中完成了解堵技术、射孔技术、高压井压井技术、携砂液配制技术等四项相关配套技术。经改进后的两步复合充填防砂工艺得到了广泛推广应用。

典型井一：LFLZ12X4

（1）所在区块概况

林中 12 井区位于林樊家油田林西开发区以南、林南断层以北，与林西主体为连片沉积。上报Ⅲ类探明含油面积 2.8km^2，石油地质储量 163×10^4t。该区域为细一粉细砂岩和粉砂岩，粒度中值 0.12mm。（图 3－4）

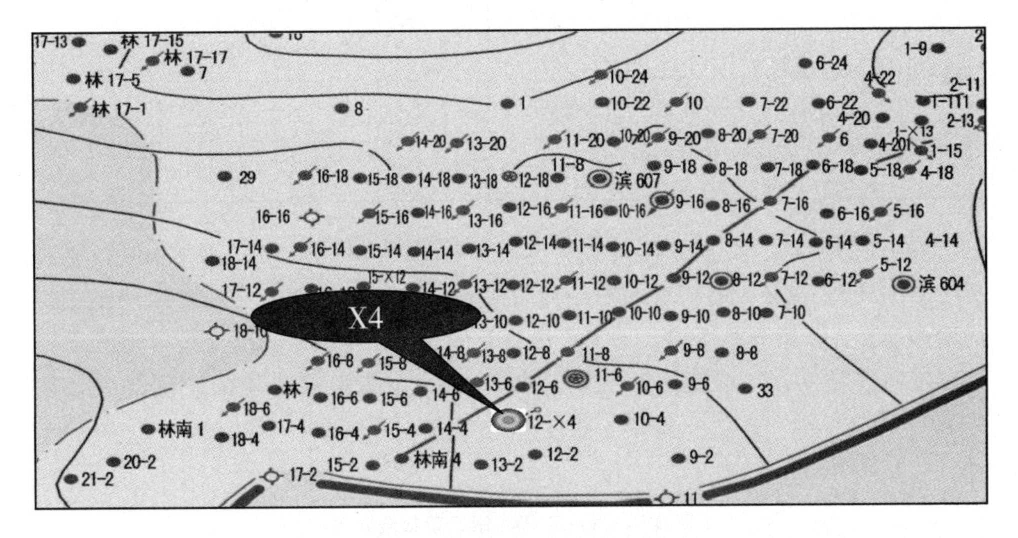

图 3－4　LFLZ12X4 井区井位置图

（2）邻井工艺与生产情况

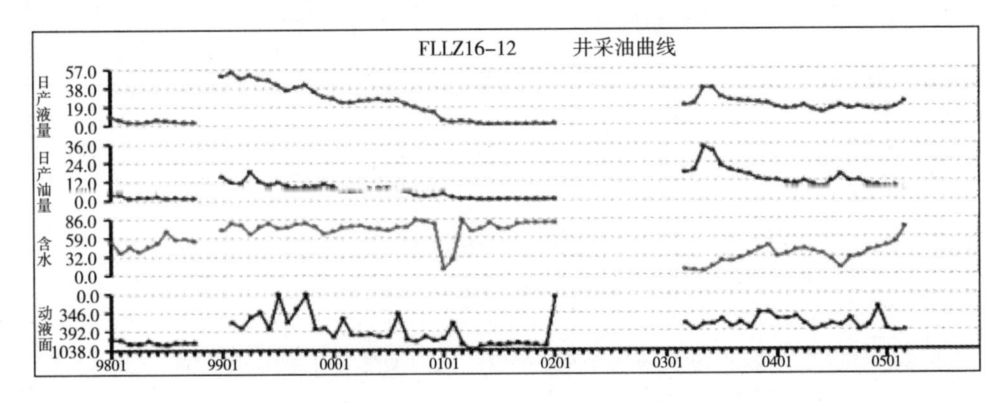

图 3－5　LFLZ16－12 井生产情况图

临井 LFLZ16－12 井前期采用涂料砂防砂初期产能较高，生产一年半后砂卡低产；1999 年 1 月割缝管防砂，产能低，生产 11 个月后砂卡；2003 年 3 月两步法防砂获日油 16.9～30t/d 高产，有效期达 730 天，已累增油 9855t。（图 3－5）

（3）工艺设计与优化

表 3－1 LFLZ12X4 物性统计表

层位	电测序号	射孔井段顶（m）	射孔井段底（m）	厚度（m）	孔隙度 %	渗透率 $10^{-3}\mu m^2$	泥质含量 %
NG－EK	012	1041.4	1047.4	6.0	27.26	146.6	19.37
	013	1060.3	1067.6	7.3	28.78	222.76	15.07
合计		共 2 层		13.30			

林中 12X4 井，位于林中 12 块，为小套管井，内径 108.62mm，喇叭口离油层上界 150m，由于没有配套的防砂充填工具，只能把防砂工具和防砂筛管之间的距离加大，以避开喇叭口，加大了中心管的长度，增加了防砂难度，对此采用两步法防砂技术，并配套小直径的金属棉滤砂管及陶粒砂和携砂液管内充填工艺。

（4）施工过程

表 3－2 LFLZ12X4 施工参数统计表

措施类型	施工时间	砂量		砂比	施工压力	排量
		设计（吨）	实际（吨）	%	MPa	m^3/min
挤压充填	3.1	20	20	10～18	10～11	0.9～1.0
绕防	3.4	1.0	1.1	4	0～9	0.3

挤压充填和绕丝管防砂施工顺利，达到了设计要求。

（5）施工效果

该井投产后初期日液 16.4m^3，日油 4.6t，含水 72.3%，正常生产日液 8m^3，日油 2.8t，含水 65%，防砂周期累油 4300t，较前期取得了较好的效果。（图 3－6）

该工艺是目前水驱油藏的主导工艺，占所有防砂工艺 75%，平均日液 15.2m^3，日油 3.2t，含水 79.8%。

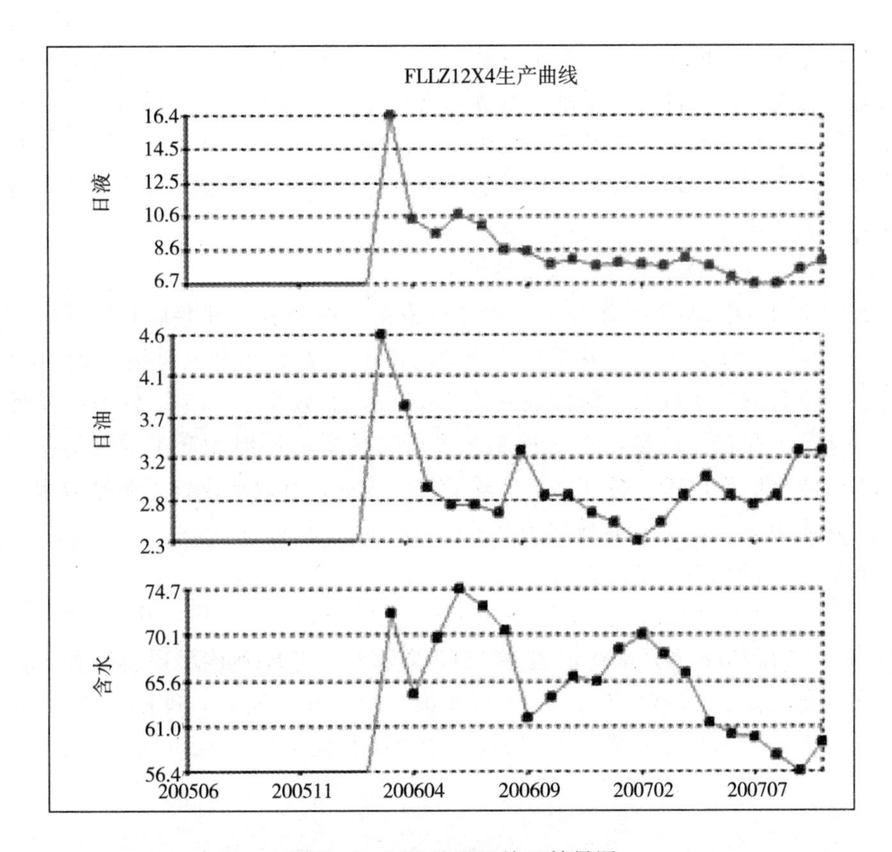

图 3－6　LFLZ12X4 施工效果图

3.3.2　挤压循环一体化充填防砂技术

绕丝管砾石充填和地层填砂是两种成熟的工艺技术，前者具有较好的防砂效果，后者具有一定的地层解堵作用，但两者单独应用或者简单叠加应用（即地层填砂＋绕丝环空充填）在尚林油田部分区块达不到理想效果。针对复合防砂工序较烦琐、占井时间长的情况，2000 年 9 月开始引进了大港油田的一次性高压充填防砂工艺。一次性高压充填工艺在以上两种工艺理论基础上，将两者优点合二为一，完善了管柱结构，优化了工艺参数，既可防砂又可解堵。

1. 挤压循环一体化充填防砂原理

主要是采用封隔高压一次充填工具与割缝筛管配套，充填砾石在油井产层管外地层和筛管与套管的环形空间，经高压作业形成一套砂体分布连续、结构稳定的完整挡砂屏障，阻挡地层砂进入油井以达到防砂目的。

高压一次充填防砂与常规砾石充填相比具有以下几个优点：①实施高压充填，在不压开地层的条件下，充填了地层，并且使得充填砂子连续、稳定，挡砂效果好；②充填砂挡部分地层砂，割缝筛管挡充填砂和地层砂，形成了双层挡砂屏障；③地层和井筒充填以及下工具施工一次完成，减少作业次数，降低对地层的伤害；④套管外充填，弥补了地层的亏空，重塑井壁，改变了井底附近的渗流条件，降低了流速。

2. 高压一次充填防砂技术应用情况

2000 年 11 月 14 日在尚 48－8 井进行该工艺的实验，开井后日液 35.5 吨，日油 8.2 吨，含水 77%。一次性高压充填防砂工艺从 2000 年 9 月至 2001 年 3 月在尚店油田共施工 9 口井，防砂成功率 66.7%，有效率 83.3%。针对一次性高压充填施工中存在的问题，在对该工艺进行了改进的同时配套了油层清洗、解堵、携砂液充填等技术，通过对工具及工艺的改进，有效地改善了防砂效果。改进后防砂成功率为 96%，有效率为 91%。

典型井：LFLZ3－34

该井于 2006 年 2 月绕丝管防砂投产，生产层位 Ng46，井段 1030.1～1034.5m，2 层/3.8 米，平均渗透率 1517 毫达西，考虑到该层层薄物性好，采用一次性充填防砂。2006 年 2 月 10 日实施一次性充填防砂，排量 1.0m^3/min，施工压力 12～25MPa，加砂 20t，按设计要求顺利加完石英砂。（图 3－7）

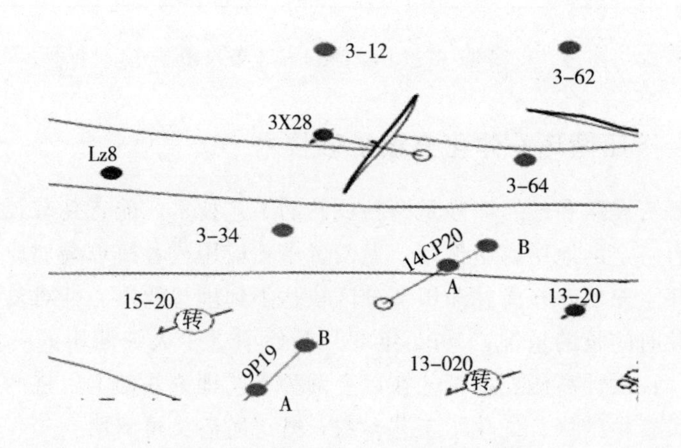

图 3－7　LFLZ3－34 井场位置图

该井 2006 年 2 月投产后，平均单井日油 8t，日液 16m^3，防砂后累油 1.34 万吨，累液 2.9 万方，取得了较好的效果。（图 3－8）

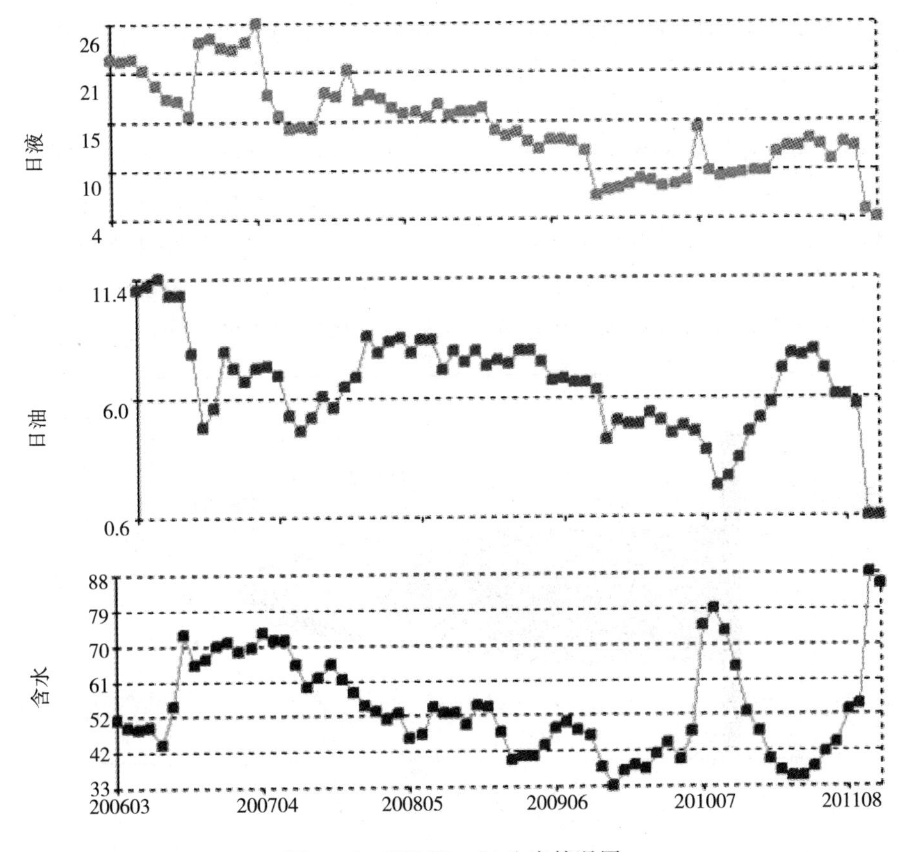

图 3－8　LFLZ3－34 生产情况图

3.3.3　压裂防砂技术

针对尚店、林樊家油田进入中后期开发阶段以后，防砂难度大，防砂效果变差，防砂有效期较短，油井防砂投产后，产量递减较快，同时部分地层堵塞严重、地层渗透率低的油井防砂效果差的情况，2001 年引进了压裂防砂工艺技术。

压裂防砂是通过向油层高压（高于地层破裂压力）注入石英砂和树脂砂，在油井近井地带造成微裂缝，将石英砂和树脂砂高压挤入裂缝、地层亏空带，在油层中形成一定厚度的人工滤砂屏障——人工砂桥，从而依靠砂桥实现油井防砂治砂的目的。

压裂防砂由于在地层中形成微裂缝，人工砾石在裂缝中形成了高渗流通道，从而改变了油层内的渗流状态，使原来的原油向心径向流改变为流向裂缝的水平流，渗流条件得到改善，从而降低了油流的携砂能力。同时，由于高强度地挤入人工砾石改变了地层砂的受力状况，使地层砂不易向井筒运移。另外，高压人工井壁能有效弥补地层亏空，在井筒一定范围内形成密实的高渗透带，可降低生产压差，减小井筒周围流体流速，缓解地层出砂。由于压裂防砂施工时携砂液排量高、流速大，还可解除近井地带堵塞，具有良好解堵增产效果。

1. 端部脱砂压裂防砂原理

端部脱砂压裂防砂技术是近年来逐步发展起来的一种防砂工艺技术，大大拓展了水力压裂技术的应用范围，成为中高渗透油气层和不稳定松软地层的有效增产和防砂措施。目前结合纤维在油气田中的应用，又出现了纤维复合无筛管压裂防砂技术，使用纤维加固裂缝中的砾石层，从而避免了在井筒中使用筛管。压裂防砂技术在尚林油田等部分现场试验，也取得了良好的效果。(图 3-9)

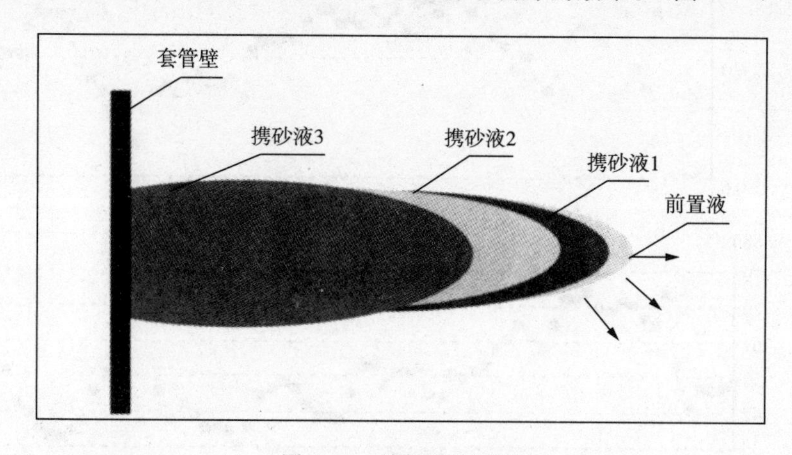

图 3-9 端部脱砂原理

压裂充填防砂是在疏松砂岩高渗透油气层中通过水力压裂产生短而宽的裂缝，然后用砾石充填，形成高导流能力的人工裂缝。其工艺技术核心是端部脱砂，即当水力裂缝长度和高度达到预期值时，大排量泵入低砂比砂浆，以保证砾石进入裂缝后不产生沉降，从而能够到达裂缝周边前缘后沉积。砾石在裂缝周边的沉积可以减缓裂缝长度的增加，并增大了裂缝内压力，从而加强裂缝在宽度方向上增长，最终形成短而宽的裂缝。从增产的角度讲，对于高渗透地层，增加裂缝导流能力比增加缝长更有利于提高增产效果。在裂缝中充填砾石形成一条高导流能力的渗滤带，有效地将地层压力传至井底，从而降低了生产压差，减小了原油的渗流阻力，达到增产和防砂的目的。

(1) 端部脱砂压裂防砂机理分析

研究裂缝端部脱砂机理，主要是研究裂缝端部脱砂带的形成过程、特点和稳定原理，在此基础上可以得出使得裂缝端部脱砂所需的技术条件。

① 携砂液在裂缝内能够保持良好的冻胶状态，保证缝内砂浆一悬砂状态运移，使地面泵注的各级压裂液在缝内能够呈现出一定的次序规律；

② 前置液和携砂液在压裂过程中所处的温度条件和机械剪切有较大的区别，使得前置液破胶速度比携砂液快；

③ 前置液和携砂液在胶体状态、初滤失和有效滤失时间等方面的差别，可以得出脱砂过程中前置液的滤失速度明显大于携砂液的滤失速度；

④ 裂缝面具有一定的硬度，可以保证脱砂砂桥的稳定性，从而控制了裂缝的扩展，从流体力学和渗流速度方面可以分析得出。

（2）端部脱砂压裂防砂原理

与低渗透储层压裂要求造长缝不同，高渗透储层中的端部脱砂压裂要求造短宽缝。这里需要引入一个概念：无量纲裂缝导流能力 C_{fD}。

$$C_{fD}=\frac{k_f w}{k x_f} \tag{3-2}$$

式中：C_{fD} 为无量纲裂缝导流能力；k_f 为裂缝渗透率，μm^2；w 为裂缝宽度，m；k 为地层渗透率，μm^2；x_f 为裂缝长度，m。

无量纲裂缝导流能力是裂缝导流能力 $k_f w$ 与地层向裂缝供给能力 kx_f 的比值，一般这两者是平衡的，在支撑剂体积已定的条件下，要得到最高产量的 C_{fD} 值一般在 1～2 之间。低渗透储层压裂改造对缝长要求较高，而对缝宽要求不是很高，这是因为（3－2）式中的裂缝导流能力 $k_f w$ 较大，要保持 C_{fD} 值在 1～2 之间，需要提高地层向裂缝的供给能力 kx_f，因而需要提高裂缝长度。而高渗透储层压裂改造对裂缝导流能力要求较高，要求增加裂缝渗透率 k_f 和裂缝宽度 w。据文献报道，$C_{fD}\geqslant 10$ 时，能够形成双线性流动。与径向流相比，双线性流动模式可以大大降低近井地带流动的压降和压力梯度，对提高油井产量和缓解岩石破坏（地层出砂）都十分有利。常规压裂在停泵时要求携砂液接近或恰好到达裂缝前沿，而端部脱砂压裂要求先泵入易渗滤的前置液造缝，接着泵入低砂比携砂液并在裂缝端部实现脱砂；由于在裂缝端部发生了脱砂，缝长不再继续延伸，在缝高一定的情况下，继续泵入高砂比携砂液，伴随着净压力的升高，缝宽将会增加，从而形成导流能力很高的短宽缝。该技术的关键有两点：一是在裂缝达到设计缝长时实现端部脱砂；二是端部脱砂后继续泵入足够的高砂比携砂液，使裂缝膨胀，并支撑形成的短宽缝。

$$w=\frac{2\left(1-\gamma^2\right)H}{E}P_{net} \tag{3-3}$$

式中：w 为裂缝宽度，m；γ 为岩石泊松比（无因次）；H 为裂缝宽度，m；E 为岩石杨氏模量，MPa；P_{net} 为静压力，MPa。

2. 压裂防砂工艺

疏松砂岩油藏压裂防砂技术从作业程序看包括水力压裂（实际上是端部脱砂

压裂）和砾石充填两个过程，从操作上又分为两步完成法及一次管柱完成法，可根据油井特点和地面条件、合理选择。

（1）两步完成法（图 3－10）

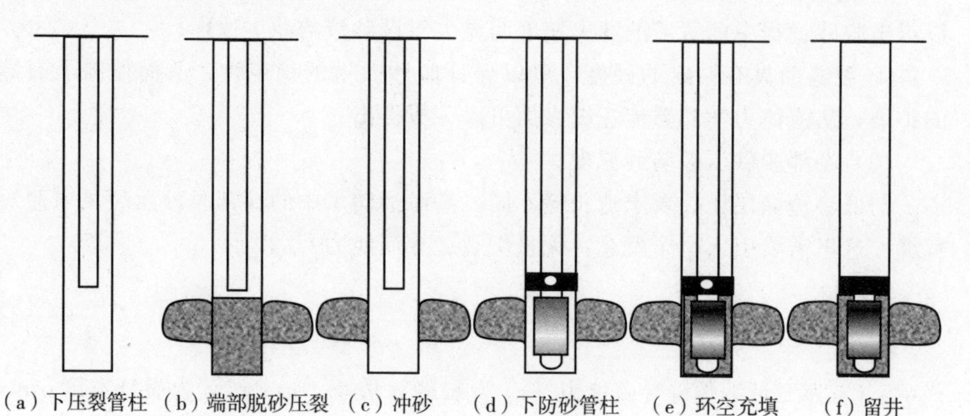

（a）下压裂管柱（b）端部脱砂压裂（c）冲砂（d）下防砂管柱（e）环空充填（f）留井

图 3－10　两步完成法程序示意图

① 第一步，端部脱砂压裂，一般采用光油管施工，程序如下：

下入压裂管柱→泵入前置液（小型压裂）→泵入前置液（造缝）→泵入砂浆→泵入顶替液→端部脱砂→顶替→停泵关井→冲砂→起出施工管柱。

② 第二步，管内砾石充填，采用工具、器材、工艺与常规砾石充填相同。

（2）一次管柱完成法

利用下入的压裂防砂管柱先对地层进行压裂充填（端部脱砂压裂），再进行管内充填。显然，一次管柱法作业时间短、成本低。由于高砂比砂浆会对工具转换孔、筛管及套管产生磨蚀侵害，因此对泵排量应有限制。（图 3－11）

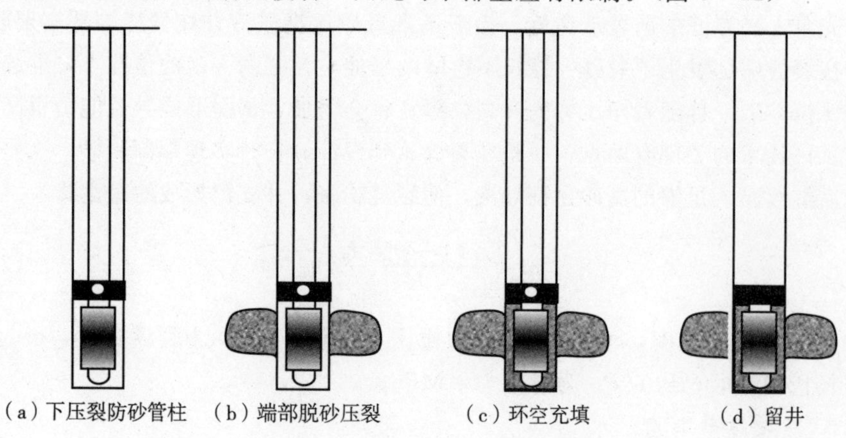

（a）下压裂防砂管柱（b）端部脱砂压裂（c）环空充填（d）留井

图 3－11　一次管柱完成程序示意图

3. 技术优势与特点

(1) 突破地层破裂压力，提高导流能力，降低表皮系数，增大渗流速率；

(2) 提高产量的同时，形成密实充填带，防砂有效期更长；

(3) 地层堵塞物被推至地层远端，很难再次进入近井地带，高产稳产效果好

(4) 施工费用相对较高，但与施工后的效果相比，更具有现场应用优势。

4. 裂缝形态模拟与施工参数优化

在尚林油田单井压裂设计时采用了国际上较为先进的 Meyer Fracturing imulator（美尔压裂模拟器）软件进行压裂充填数值模拟和方案优化，充分体现了压裂设计的合理性。

Meyer 压裂防砂软件的特点是以“综合水力压裂模型”为基础，并综合考虑了疏松砂岩油藏形成短宽缝及端部脱砂的条件，该软件实时快捷，便于现场施工参数的调整，

(1) Meyer 压裂防砂数值模拟软件功能

表 3-3　Meyer 压裂防砂数值模拟软件功能介绍

序号	模块名称	功能描述
1	Mfrac 拟三维压裂模块	压裂模拟、压裂防砂设计与评估、现场实时分析和检测、压后分析评价
2	MinFrac 微压裂分析模块	注入试验、微压裂分析工具，从而确定闭合压力、压裂有效率、漏失系数
3	MView 数据可视化	数据处理系统，包括现场实时检测结果的重复性比较分析及结果显示
4	MProd 产能分析	压裂条件下产能模拟
5	MNPV 压裂经济分析	预测施工后净现值

(2) 优化步骤

① 前期准备，包括地质、油藏资料、开发历史、井筒资料、测井数据资料收集等等；

② 综合分析油井基础资料、对测井数据进行处理；

③ 根据测井资料进行地应力剖面计算；

④ 分析临井资料及井史确定初步的泵注程序、压裂液、支撑剂类型；

⑤ 把前期准备的数据录入 Meyer 软件中，包括基本资料、油层资料、井筒结构、岩石力学参数、射孔层段、泵注程序、流体滤失等参数；

⑥ 进行施工参数优化及裂缝形态模拟。

（3）资料收集

表 3-4 Meyer 软件优化所需资料

资料类型	内容
测井资料数据	油层深度、声波、密度、伽马测井、泥质含量、孔隙度渗透率、自然电位
井筒数据	井斜、油管/套管数据、井深结构数据
油层及流体数据	油层数据、射孔数据、流体性质、岩性、压力、温度
岩石力学属性	杨氏模量、泊松比、地应力
流体滤失属性	流体滤失系数
泵注程序表	排量、压裂液类型及数量、支撑剂类型、砂比
井史、临井资料	前期施工情况、同区块井的施工情况

（4）优化结果

表 3-5 通过 Meyer 进行软件优化后主要得到裂缝的几何形态及泵注程序

裂缝形态								泵注程序			
造缝长	支撑缝长	总缝高	平均缝宽	铺砂浓度	导流能力	缝高顶部	缝高底部	排量	砂比	液量	地面压力

（5）现场应用情况

① 选井原则

压裂防砂工艺以防砂增产为目的，以压裂为主要手段的技术对地层条件、伤害状况、出砂历史等有一定的选择性，以保证工艺的可靠性和成功率。美国哈里伯顿公司根据研究和实践总结出一套工艺选择的系统方法。（图 3-12）

选择原则：

a. 若地层未被伤害，渗透率很高（大于 $1000\times10^{-3}\ \mu m^2$），地层十分松软（E<700MPa），出砂很少或投产时间短，可采用常规砾石充填方法（Gravel Pack）。

b. 若近井地带存在伤害，地层渗透率较高（K＝（500～1000）$\times10^{-3}\ \mu m^2$），而出砂历史较短，应采用压裂充填方法（FracPac）。对于特高渗透地层（K>$1000\times10^{-3}\ \mu m^2$），但地层尚有一定硬度（E>700MPa）时，仍应采用该方法。

c. 当地层渗透率 K＝（500～1000）$\times10^{-3}\ \mu m^2$，且 E>700MPa，或者当 K

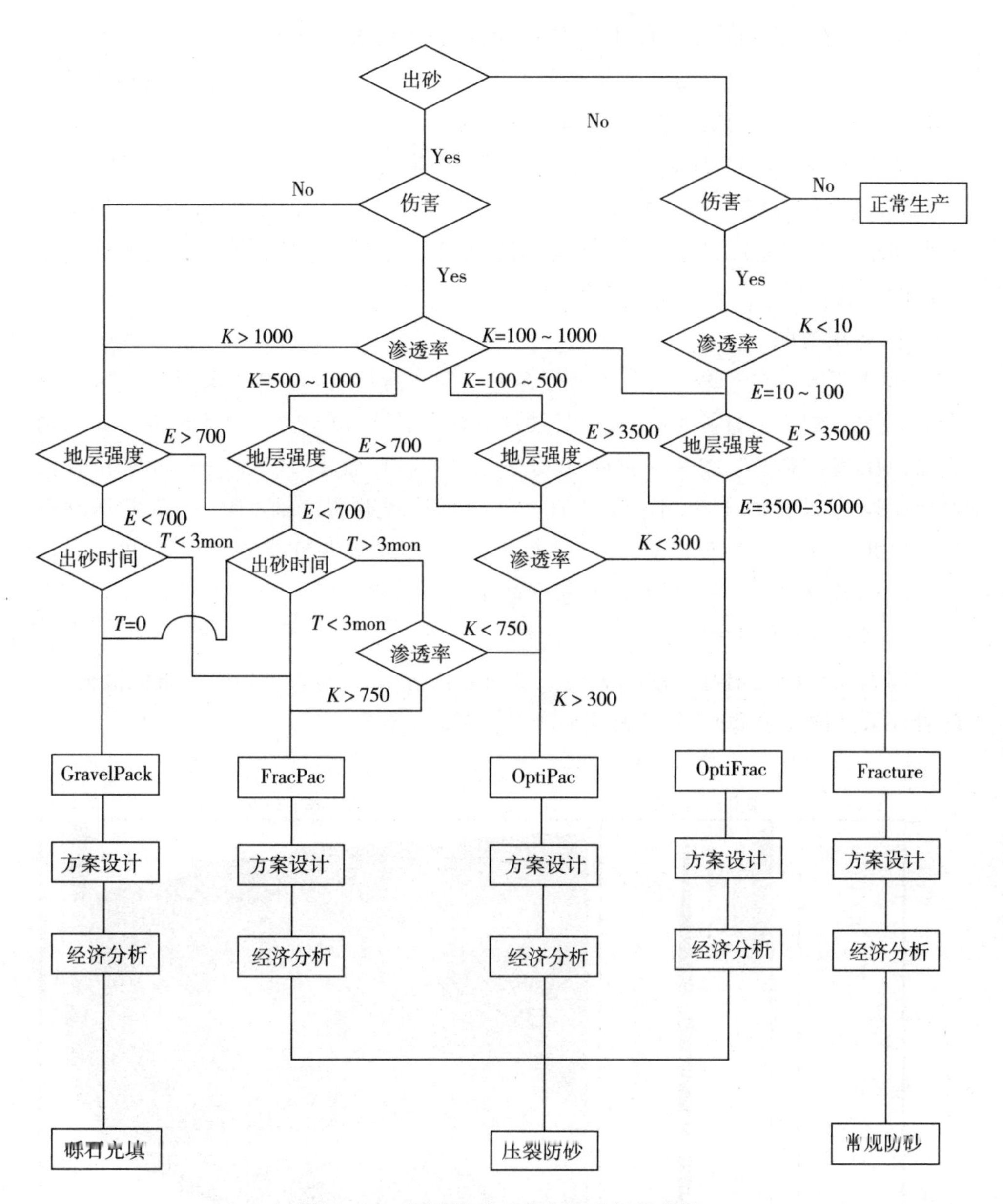

图 3-12　压裂防砂工艺方法选择流程图

=（500～1000）$\times 10^{-3}\mu m^2$，E＝700～3500MPa 范围内，考虑使用压裂防砂方法并添加固结剂（如尾追树脂预涂层砾石）加固填砂裂缝（OptiPac）。

d. 当 K＝（10～100）$\times 10^{-3}\mu m^2$，且 E＝3500～35000MPa，或当 K＝（100～500）$\times 10^{-3}\mu m^2$，且 E＞3500MPa，或 K＝（100～300）$\times 10^{-3}\mu m^2$，且

E＝700～3500MPa时，可采用压裂防砂而不用固结剂（OptiFrac）。

e. 当 $K<10\times10^{-3}\mu m^2$ 或 $K=(10\sim100)\times10^{-3}\mu m^2$，井底严重伤害且 $E>35000MPa$ 时，采用常规压裂解堵增产措施（Fracture）。

总体上说，从砾石充填（GravelPack）、压裂充填（FracPac）、防砂压裂（OptiPac，OptiFrac）到常规压裂（Fracture），地层条件的变化趋势是：渗透率由大到小，强度由软到硬，出砂程度由强到弱。其中，砾石充填和压裂充填应用条件的差别主要在于近井地带伤害的程度。

② 应用情况

2001年8月在SDS4－29井进行施工，措施前日液3.9吨，日油1.1吨，含水71.7%；措施后日液15.2吨，日油5.9吨，含水60.9%。2001－2006年，尚店油田压裂防砂25口井，防砂成功率100%，有效率100%，平均单井日液21.6t/d，单井日油4.5t/d，含水79.2%，平均单井累产油3104t。新井压裂防砂4口井，防砂成功率100%，有效率100%，平均单井日液22.1t/d，单井日油11.2t/d，含水49.3%，平均单井累产油10067t。

典型井例：LFLZ3－10

LFLZ3－10为林中3块部署的一口油井，自1989年投产以来一直低液低油，随着注采井网完善2006年7月实施压裂防砂。（图3－13）

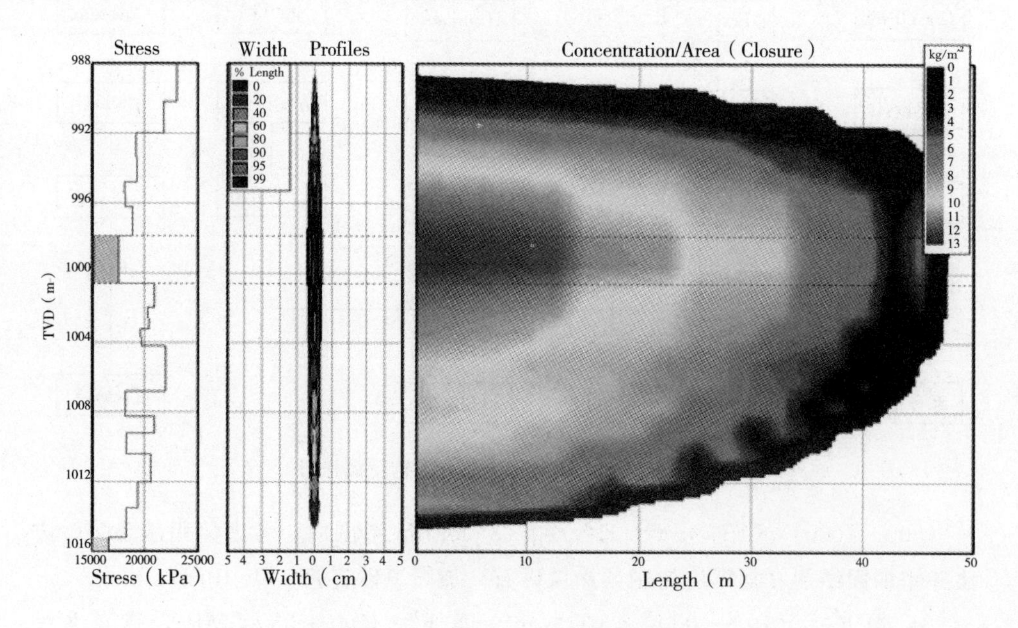

图3－13　LFLZ3－10裂缝模拟图

通过压裂软件模拟设计参数见表 3－6 所列。

表 3－6　LFLZ3－10 施工参数表

设计施工排量 m^3/min	设计砂量 t	设计携砂液 m^3	砂浆密度 g/cm^3
2.1	16t	53.9	1.12－1.58

2006 年 7 月 16 日实施压裂防砂，排量 $2.1m^3/min$，施工压力 11－8－34Mpa，最后端部脱砂，砂浆浓度 $1.12-1.58g/cm^3$，按设计要求加完陶粒砂 16t。(图 3－14、图 3－15)

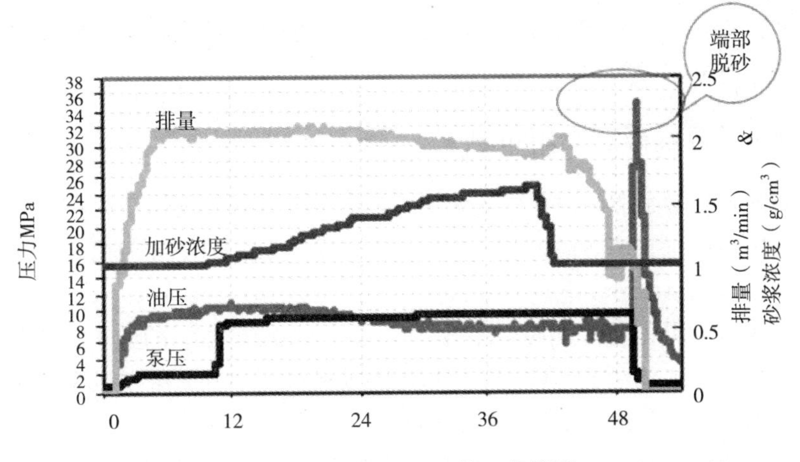

图 3－14　LFLZ3－10 施工曲线图

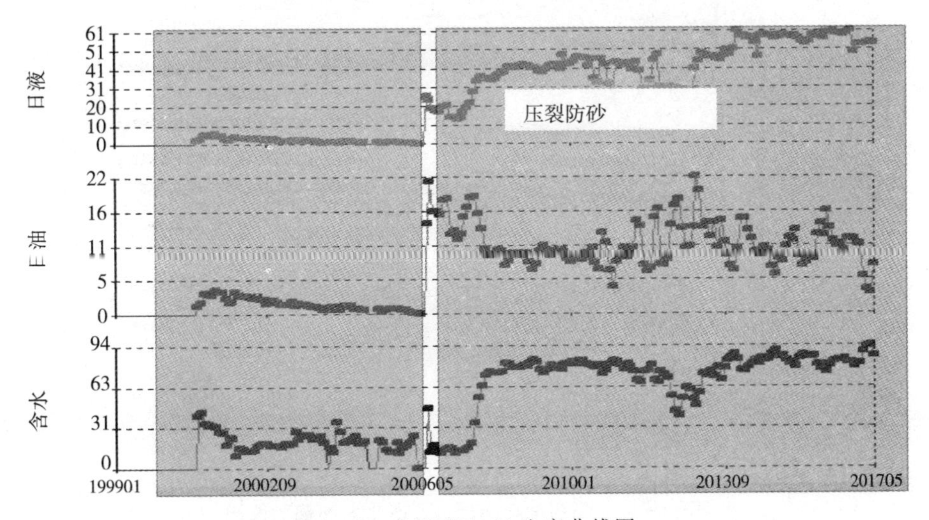

图 3－15　LFLZ3－10 生产曲线图

该井 2006 年 7 月投产后，平均单井日油 10.7t，日液 45m³，截至目前压裂防砂后累油 4.3 万吨，累液 12.5 万方，取得了较好的效果。

通过压裂防砂的应用，有效地改善了措施效果，其主要优点表现在以下两个方面：

一是充填砂比高、处理半径大、能有效穿透地层深部污染带。采用羟丙基瓜胶溶液作为携砂液基液，黏度达 100mPa·s 以上，并通过胶联形成冻胶，采用大排量（2m³/min 左右）施工，使最高加砂比可达 100%以上；由于携砂液黏度大、滤失小、携砂能力强、施工排量大、加砂量大，压裂造缝长度达到 30～50 米，能有效穿透地层深部污染带，建立一条高导流能力的支撑带，为地层深部油流流向井筒提供良好通道。二是通过采用压裂防砂工艺，提高了油井防砂后产能，延长了防砂有效期。

3.3.4 分层砾石充填技术

近年来，针对水驱油藏非均质多层井，采用分层砾石充填，目前主要有分射分防和一次性挤压充填防砂工艺。分射分防即单层防砂的重复应用，这里主要介绍一次性挤压充填防砂工艺。

尚店油田为块状出砂油藏，主要生产 Ng－Ed 组，由于层间渗透率差异较大，导致各小层储量动用不均，采出程度差异较大，全井笼统挤压充填防砂对低渗层改造力度小，低渗层未得到有效的利用。（图 3－16）

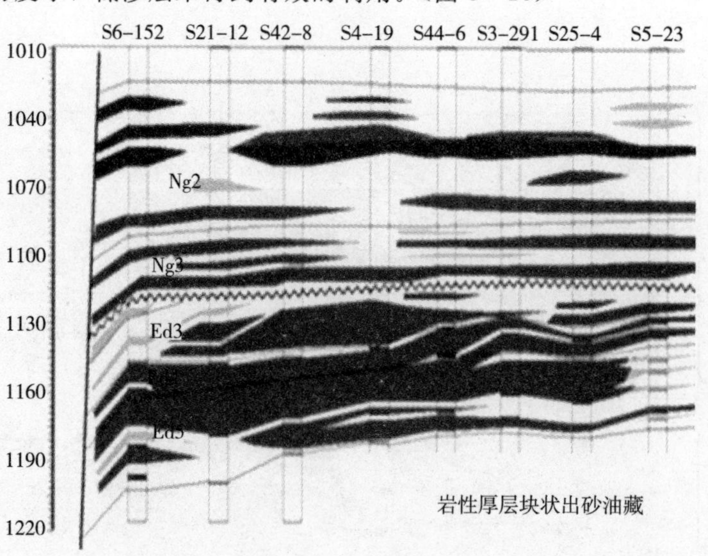

图 3－16 尚店油田 Ng－Ed 南北向油藏剖面图

对于非均质多层井，根据每层的油藏地质特点，优选施工参数，设计砾石及绕丝管规格，设计地层填砂量，针对性地实施分层挤压和（或）循环充填，缓解非均质性油藏层间矛盾。

1. 管柱结构组成

该管柱主要由顶部主封隔器、中间封隔器、内外充填总成、信号器、绕丝筛管、挤充转换总成、自封封隔器等组成。（图 3－17）

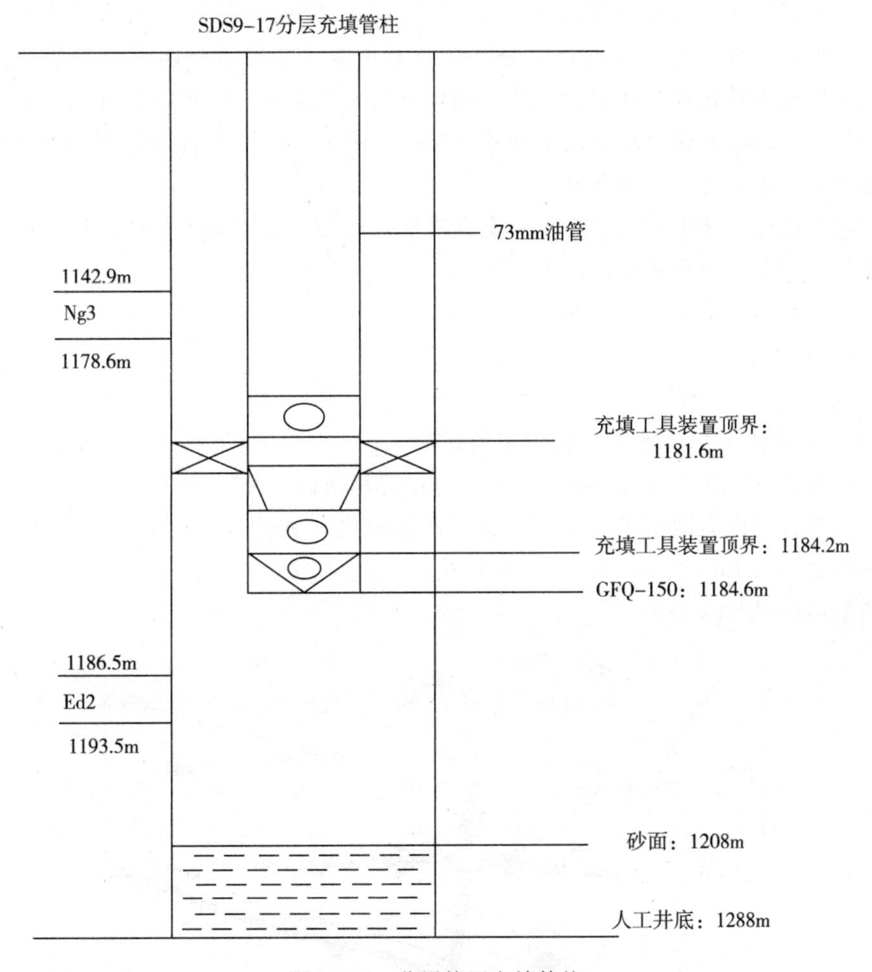

图 3－17　分层挤压充填管柱

2. 工艺过程

（1）座封丢手防砂管柱。将管柱下入设计位置后，座封顶部封隔器，丢手防砂管柱，再座封中间封隔器。

（2）底部油层挤压施工。调整管柱，使得内充填总成充填口与底部油层外充填口相对，此时内外充填口互相密封，冲管尾部由挤冲转换总成密封，实现施工过程中防砂内外管柱密闭，中间封隔器座封后使得底部油层与上层油套环空形成密封，这样在高压挤压过程中油管、底部筛套环空、地层形成一系统，冲管与油套环空形成一个密闭系统，两系统相互独立，达到对目的层挤压目的；携砂流体由油管通过底部充填口进入地层，当压力升高到一定程度后，停止加砂，进行顶替。

（3）底部油层环空充填施工。地层挤压施工完成后将冲管尾部循环通道打开，使得筛套环空与冲管连通，进行环空充填施工，携砂流体由油管通过充填口，充填石英砂在筛套环空中沉降，循环液经冲管流出。当泵压上升到一定程度后，信号指示总成循环口开启地面停止加砂，将油管内携带石英砂全部循环到筛套环空，不需要进行反洗井施工。

（4）进行上部更多层地施工。上提管柱，使得内充填总成充填口与其他油层外充填口相对后进行逐个油层的施工。

（5）起出丢手管柱，下泵生产。

3. 应用情况

统计2010—2017年尚店、林樊家油田实施分层防砂48口，平均单井日液14.5m^3，日油4.2t，整体实施效果较好。

典型井一：尚店油田SDS6－28井分层充填防砂工艺。

该井位于尚店油田Ed2井组，由于产量较差、地层出砂，2013年底上大修，拔防砂管，对Ed2组010＃、011＃补孔后，再对010＃、011＃、017＃、018＃重新防砂。（图3－18）

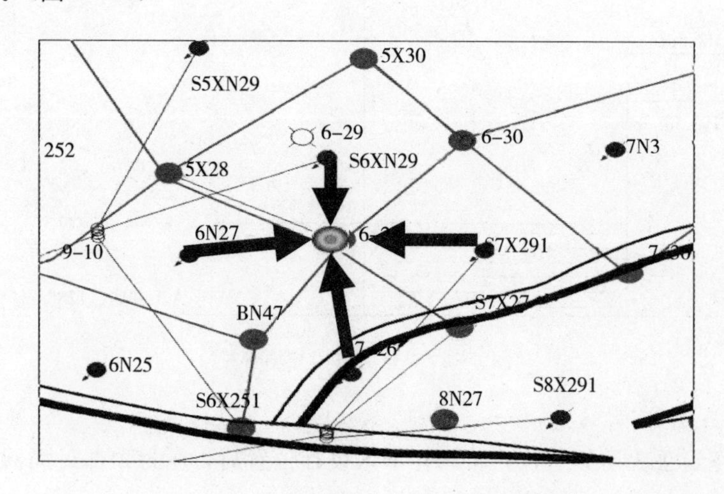

图3－18　SDS6－28井位置图

表 3-7 SDS6-28 物性统计表

层位	电测序号	射孔井段顶（m）	射孔井段底（m）	厚度（m）	孔隙度 %	渗透率 $10^{-3}\mu m^2$	泥质含量 %	备注
Ed2-3	010	1151.1	1153.3	2.2	35.82	350.3	20.5	待补孔防砂
	011	1158.1	1161.8	3.7	37.38	414.24	26.41	待补孔防砂
	017	1185.1	1188.1	3.0	37.62	430.99	20.39	待防砂
	018	1202.8	1205.0	2.2	35.68	597.28	14.2	待防砂
合计		共 4 层		11.10				

表 3-8 分层充填施工参数

施工工艺	施工时间	施工参数			加砂量		
		排量 m^3/min	压力 MPa	砂比 %	设计	实际 t	加砂强度 t/m
预充填	2014.2.10	2.1	11—13.7	10—50	50.0	50	9.6
预充填	2014.2.14	2.1	12—15	10—50	60.0	60	10.2
绕防	2014.2.16	0.4	0—12	4	1.9	2	

对比两层充填施工压力曲线，新射孔层施工压力高于老层的施工压力，从加砂规模、加砂强度来看，老层为加砂 50t，加砂强度 9.6t/m，Ed2 新层加砂 60t，加砂强度 10.2t/m，新老层的四个小层得到了充分改造。

该井于 2014 年 2 月 19 日投产，投产后初期日液 51.1t，日油 8.7t，含水 83%，目前日液 43.7t，日油 1.7t，含水 96%，累油 5008t，取得了较好的效果。（图 3-19）

3.3.5 稳砂解堵防砂工艺技术

针对细粉砂运移以及近井地带堵塞问题，采用了分子膜稳砂及酸化返排工艺。

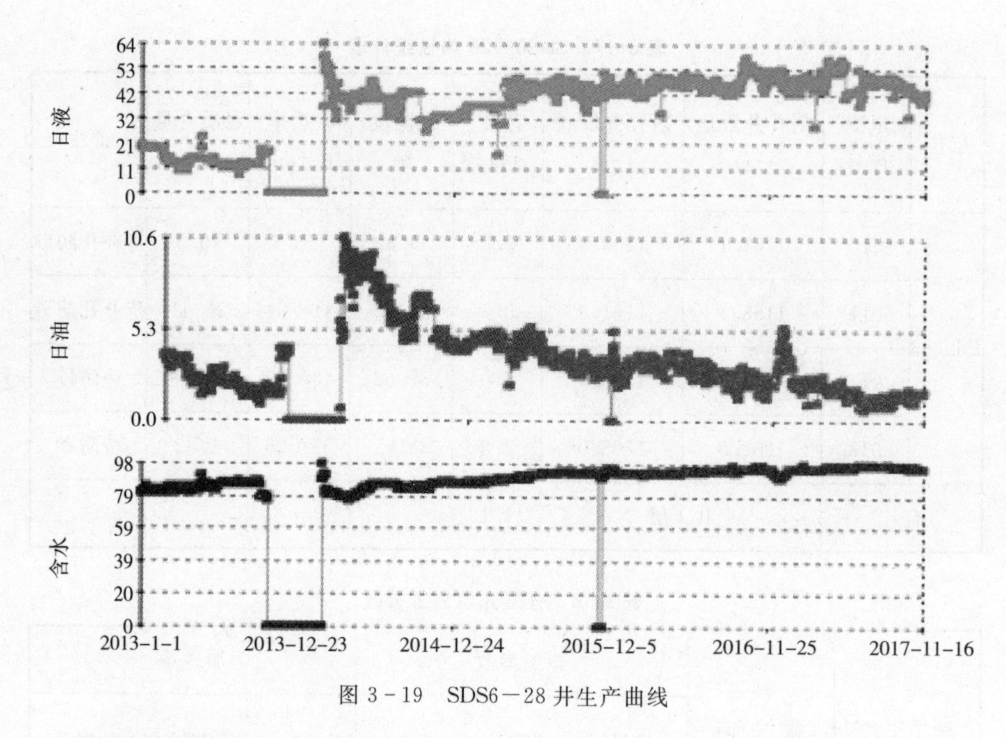

图 3-19　SDS6－28 井生产曲线

1. 分子膜防砂工艺

针对尚店、林樊家油田部分区域防砂投产后液量缓慢降低的问题，分析认为由于细粉砂大量运移以及高岭石、伊利石等遇水破碎堵塞油层造成，为此配套了抑砂挤压充填技术。(图 3-20)

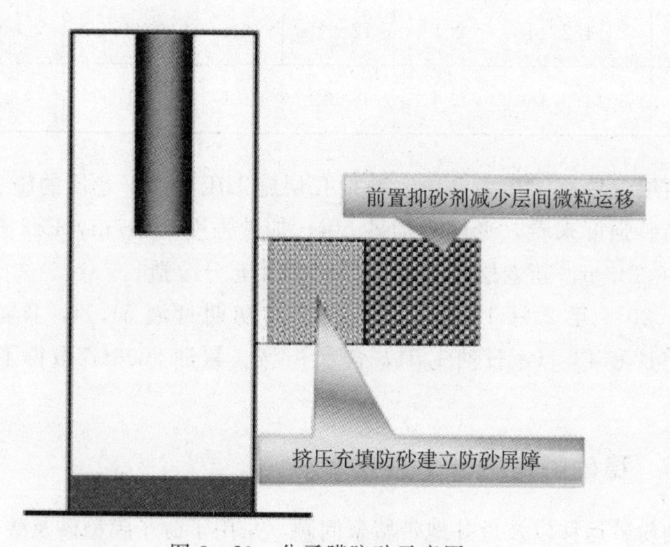

图 3-20　分子膜防砂示意图

一定浓度的高强度分子膜防砂剂溶液进入地层后，溶液中的酸性成分接触地层砂后立即与之发生反应，导致固液界面 pH 值升高，当固液界面 pH 值升高至 3.4 以上时，引发高分子发生缩聚反应，在固体（砂粒）表面形成了一层致密、高强度的体型高分子膜，从而起到稳砂作用。而在孔隙中，由于初始 pH 值较低，反应不能发生，待大部分有效成分参与了砂粒表面的缩聚反应后，小部分滞留在水溶液中的有效成分仍保持线形状态，不对孔隙造成堵塞，从而避免了对地层渗透率的损害。高强度分子膜稳砂剂具有较高的防砂能力，同时，和地层砂作用后水又可以自动逸出，因此在合适用量下可以保持油藏较高的渗透性，大大优于常规抑砂剂。

该工艺首先在林 7－09 井实施，LFLN7－09 是林东区块一口油井，前期复合防砂后日液日油逐渐下降，含水变化较小，判断该井为细粉砂运移井，2014 年 3 月在 LFLN7－09 井实施前置分子膜挤压充填防砂，在油水井对应关系不变的前提下，液量较上次常规防砂提高近 20 方，单井日油提升 5 吨，截至目前累增油 6659 吨，前两年效果较常规防砂有了较明显的提高（图 3 - 21）。2016 年以来该技术先后在 SDS5XN231、SDS49－8、LFLN10－03、LFLN8－07、LFLN10－03、SDS4X313 等 6 口井使用，取得了较好的效果。

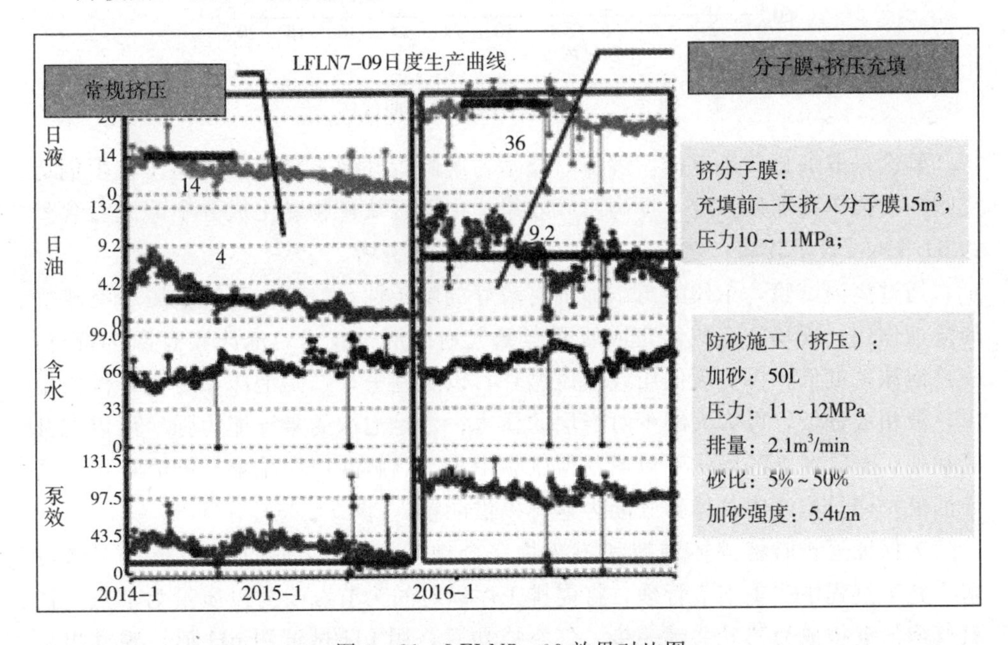

图 3 - 21　LFLN7－09 效果对比图

2. 酸化返排

针对尚店、林樊家油田高泥质粉细砂岩油井，黏土矿物膨胀产生大量的堵塞物使地层结构强度下降，井壁坍塌引起出砂堵塞等问题，首先采取先期防膨，加强油层保护。

在地层中的黏土矿物遇水后会发生膨胀，其膨胀率可达原始体积的600%～1000%（相对），造成油层孔隙堵塞；黏土颗粒和碎屑运移至裂缝的弯曲处时会发生沉积等作用，将加剧孔隙的减少和渗透率的降低，为减小伤害，需要向地层中加入黏土稳定剂。随着防膨剂浓度的增加，Zeta电位不断降低，防膨率逐渐增大。（图3-22）

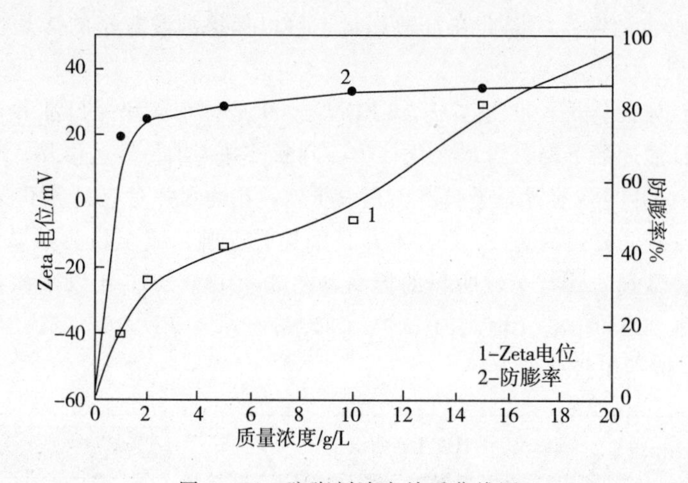

图3-22　防膨剂浓度关系曲线图

其次采取酸化负压返排“解疏”技术，解除近井地带堵塞，为高压充填创造空间，增强单井加砂强度，提高防砂效果。由于区块矿物黏土成分中蒙脱石含量为61.1%，含量较高，使用成熟的土酸酸液体系解堵。

通过室内试验，主体酸与添加剂有较好的配伍性，酸液体系对蒙脱石有较好的溶蚀作用。现场施工酸化完成后配套氮气泡沫混排技术。泡沫具有四个特点：一是泡沫密度低，可实现低压或负压循环，以免漏失；二是泡沫黏度高，滤失量少，液相成分低，可大大减少对产层的伤害；三是泡沫的悬浮能力强，可以把井底和油、套管壁上的固体颗粒或其他脏物带出，以解除产层堵塞，同时还可以诱导油流；四是泡沫中气体膨胀能为返排提供能量。（图3-23）

为保证返排时将固体颗粒和不溶物完全携带出井筒，防止残渣造成二次堵塞。施工过程中注重细节管理，将混排工序以时间为节点改为以质量为节点，使氮气泡沫混排成为防砂关键一步。气举成功后，用pH试纸测pH值，观察出口残液情况直至pH值为中性，方为施工完毕，保证返排效果。近两年共实施酸化返排10井次，累计增油1.2万吨，取得较好的效果。

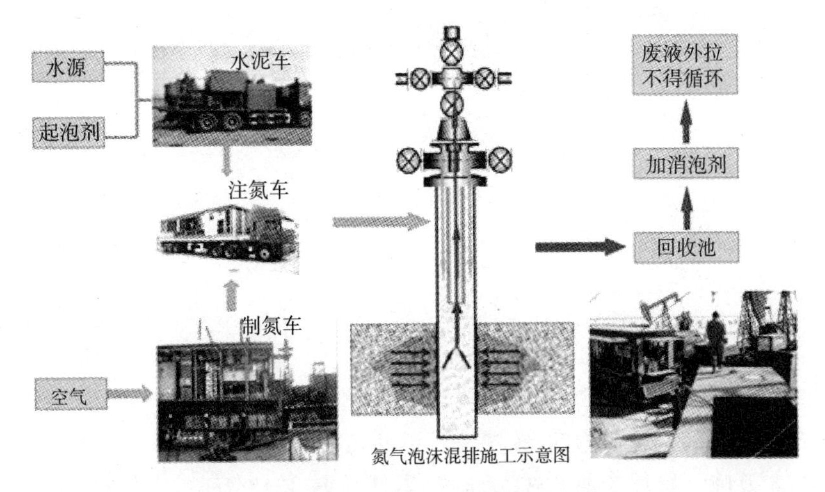

图 3-23　酸化氮气泡沫混排施工示意图

3.4　水驱油藏防砂技术总结

尚店、林樊家油田油层埋藏浅，结构疏松，出砂严重，油水井防砂成为油层改造的主要技术手段。防砂工艺由金属绕丝筛管管内砾石充填逐步发展到高压充填复合防砂、一次性高压充填防砂、压裂防砂、分层充填等防砂工艺技术系列，形成了适合尚店、林樊家油田特色的防砂工艺，统计 2010－2017 年 423 口井，复合防砂占比 75%，平均日液 15.2m^3，日油 3.2t，含水 79.8%；一次性充填占比 20%，平均日液 15.0m^3，日油 2.9t，含水 81%；压裂防砂占比 5%，平均日液 18m^3，日油 4t，含水 77.8%，整体有较好的适应性，为尚店、林樊家油田稳产上产提供了强有力的技术支撑。

第4章　热采疏松砂岩油藏防砂工艺技术

目前滨南稠油油藏总井数934口，开井677口，日液水平11631吨/天，日油水平2329吨/天，综合含水80.0%，单井日产油4.4吨，年产油88.45万吨，年注汽218万吨，累计产油2024万吨，累计注汽4343万吨，采油速度0.81%，采出程度18.4%，累计油汽比0.46。整体处于高轮次（最高达到25个周期）、高含水、高采出程度吞吐阶段。

4.1　油藏分布与特征

滨南采油厂稠油出砂热采油藏处于东营凹陷北部陡坡带西段以及东营凹陷与滨县凸起之间的过渡带上，主要包括单家寺稠油油田和王庄稠油油田，探明含油面积44.85km^2，地质储量12406.62×10^{4}t，目前已投入开发区块有单家寺油田的单2块、单10块、单6块、单83块和单113块及王庄油田的郑4潜山、郑408块、郑36块、郑41块、郑14块、郑39块和王庄外围等区块。至2016年12月，滨南油区稠油油藏共动用含油面积41.27km^2，地质储量10725.96×10^{4}t，采收率22.3%。开发层系为馆陶组、东营组、沙一段和沙三段。

4.1.1　单家寺油田开发概况

1. 概况

单家寺油田位于滨州市单家寺乡附近，构造位置位于东营凹陷与滨县凸起之间的过渡带。至2017年10月，共探明含油面积26.6km^2，地质储量10150.71×10^{4}t。主力含油层系有馆陶组、东营组、沙一段、沙三段、沙四段，油藏埋深1050～2300米。油藏类型按原油性质可分为单稠油（单2、单10、单6、单113、单83）、单稀油（单14－30、单14、单14－42、单142、单18、单12）。共动用含油面积26.6km^2，地质储量9375.96×10^{4}t，可采储量2227.99×10^{4}t，采收率 24.1%。

2. 构造特征

单家寺油田所处区域构造背景为东营凹陷西北部，滨县凸起南坡，上、下第三系地层向凸起层层超覆减薄并尖灭。油田构造形态是以滨县凸起南坡上一条基岩沟为界，可分为东西两个受前震旦系基底控制的继承性鼻状构造。

单 2 断块是一个东西长、南北窄向南倾没的鼻状构造，构造顶部平缓。地层倾角约 6.3 度。单 10 断块为一东倾的鼻状构造，构造平缓，形态单一，地层倾角一般 5.1～5.3 度。

单 2、单 10 断块内部主要有两条断层。一条为单 2，单 10 断块分界断层，该断层为东倾正断层，走向近南北，落差 50 米左右，倾角约 45 度。另一条为单 2 块内部西倾正断层，走向北西南东，落差 20～30 米，倾角约 30～40 度。两条断层对原油不起分割作用，但局部起富集作用。

单 6 断块是一个向南倾没的具有继承性的平缓鼻状构造，构造顶部平缓，其间以鞍部为界分为东、西两个开发单元，即单 6 西、单 6 东（即单 56 块）。内部无断层，地层倾角 2～3 度。

单 113 断块为多条断层切割的断块构造，平面上分为 3 块。断块多，断块碎是该块的一个重要特征。

单 83 断块位于滨县凸起东坡，为向滨县凸起超覆，向低部位倾没的单斜构造，南部有一条贯穿全块近东西走向的南倾断层遮挡，内部有两条近东西走向的北掉断层将其分割为单 83 南块和单 83－014 块。在单 83 南块内部西侧有一条贯穿全块的南北走向东倾断层，断距约 30～40 米，断层下盘为单 83 块沙一稀油油藏，构造较为平缓。断层上盘馆陶组地层向西超覆，为稠油油藏。

单 18 断块总的构造形态为一向南、东、西倾没向北抬起的鼻状构造。以单 9、单 18－9、单 18 井一线分界，东部陡，西部缓。单 18 块内部共分布大小八条断层，这些断层把单 18 断鼻构造切割分为单 18、单 18－30、单 41、单 42、滨 89 块，主力断块为单 18 块、单 18－30 块。

单 14 断块是一个被断层复杂化的不对称背斜构造。断块内共有 4 条断层，其中 3 条为近东西走向，落差 10～50 米；一条为南北走向，落差 20～40 米。

单 12 断块是一个受前震旦系基底控制的继承性的鼻状构造。第三系地层向凸起层层超覆，地层逐渐减薄或尖灭。

3. 储层特征

单家寺油田目前稠油油藏主要开发层系为单 2 断块馆陶组、沙一段、沙三段；单 10 断块馆陶组、东营组、沙一段；单 6 断块、单 83 断块馆陶组；单 113 断块沙三段。稀油油藏单 18 断块沙三段、沙四段；单 12 断块沙三段；单 14 断块沙三段、沙四段。

该区主要含油层系储层物性较好，非均质性严重。储集层除前震旦系变质岩为裂缝与孔隙储油气外，古近系沙河街组沙四段、沙三段、沙一段、东营组、新近系馆陶组，储集层为一套砂岩、砂砾岩为主凸起边缘滨、浅湖沉积环境水下扇、河流相沉积体，以中高孔、中高渗透油层为主。各层系间储层物性差别较大，油层非均质性严重。馆陶组稠油储层孔隙度30%～33%，渗透率1000～5000毫达西，含油饱和度平均56%。东营组、沙一段稠油储层接触－孔隙式胶结，储层孔隙度33%，平均渗透率1000～2000毫达西，含油饱和度50%～62%。沙三段稠油储层孔隙度37.2%，渗透率1200～20000毫达西，含油饱和度平均65%。沙三段稀油平均孔隙度19.2%，渗透率375.7毫达西，含油饱和度52.4%。沙四段稀油平均孔隙度24.5%，渗透率497毫达西，含油饱和度65.6%。储层物性纵向上一般都具正韵律沉积特点，岩性下粗上细。平面上受沉积微相控制，物性差异大，非均质性明显。

4. 流体性质

原油物性变化较大，原油密度0.848～1.0086克/立方厘米，地面脱气原油黏度8～100000毫帕·秒，按原油黏度可划分为稀油、普通稠油、特稠油、超稠油。稠油原油密度0.9575～0.9995克/立方厘米，地面脱气原油黏度1208.5～100000毫帕·秒，温度敏感性强。稀油原油密度0.848～0.949克/立方厘米，地面脱气原油黏度8～1293毫帕·秒。地层水类型主要为氯化钙型，地层水矿化度随地层深度增加而增大。稠油油藏地层水总矿化度7309～17152毫克/升，稀油油藏地层水总矿化度11901～95714毫克/升。

5. 油藏类型、油水界面

单家寺油田为具有多套油水系统的受构造控制的岩性－地层油藏。

各断块主力层系油水界面如下：

单2断块沙三段4砂体，平均油水界面1180～1185米，边部一些井油水界面较低，一般在1190～1200米。

单10断块沙一段构造高部位油水界面在1200～1220米，翼部和边部1230～1240米。东营组油水界面1220米左右，馆陶组最低油水界面1190米。

单6断块馆陶组下段平均油水界面1130～1140米，边部一些井油水界面1140～1150米。

单113断块沙三段平面上分为3块，各块沙三上油藏的油水分布主要受构造控制，具有各自的油水系统，单60块油水界面为－1220米，单113－1块油水界面为－1257.4米，单114块油水界面为－1290米。

单18断块油层分布受岩性和构造控制，无统一的油水界面。主力断块沙四段油水界面约为 1880 米，沙三段约为 1850 米。

单 14 断块沙三段油藏油水关系受构造控制，无统一的油水界面，在背斜构造东翼约为 1743 米，西翼约为 1771 米。沙四段油水关系复杂，受构造和扇体控制，且油层较薄，无统一的油水界面。

4.1.2　王庄油田开发概况

1. 油田概况地质特征

王庄油田位于济阳坳陷东营凹陷北部陡坡带，陈家庄凸起南缘西部，西为郑家潜山，南为利津洼陷，东为宁海古冲沟。该区自下而上依次发育前震旦系、沙四段、沙三段、沙一段、馆陶组、明化镇组和平原组地层，发育前震旦系～沙四段、沙四段～沙三段、沙三段～沙一段、沙一段～馆陶组四次区域地层不整合，其中沙二段、东营组地层缺失。

2. 地质特征

郑家—王庄地区在古构造控制下，在基岩古断剥面上充填沉积了以砂砾岩扇体堆积为主体的古近系地层。该套地层在沉积剖面上的总体特征表现为下部以泥石流堆积的砂砾岩体为主，上部发育了含砾砂岩及浅湖相泥岩、粒屑碳酸盐岩；横向上各种岩相和岩性的地层变化较大。纵向上把本区划分 4 套含油层系：馆陶组、沙一段、沙三段和前震旦系。

(1) 前震旦系储层特征。王庄潜山油藏储层为变质岩，它是由片麻岩、变粒岩和伟晶岩三种岩性组成，是长英质的结晶基岩。微细裂缝是主要的储集空间，斜交裂缝组成了网状的空间体系，形成了良好的运移通道，裂缝发育的非均质性严重。根据岩心实验室分析和缝洞发育率统计以及测井资料解释认为，裂缝发育程度无论在纵向上和平面上都是极不均匀的，实验室分析孔隙度在 0.1%～16.4%之间，渗透率在 0.02～888 毫达西之间，岩心缝洞发育率在 0.2%～15.5%之间。

(2) 沙三段储层特征。沙三段储层为一套近源快速堆积的厚层块状砂体，岩性以细砾岩、砾状砂岩及含砾不等粒砂岩、含砾泥质砂岩、中细砂岩组成。胶结物以泥质为主，孔隙式胶结，黏土矿物平均含量 11.1%，孔隙以粒间孔为主。储层埋藏浅，成岩作用弱，原生孔隙发育。孔隙度一般为 26%～40%，最大可达 44%，渗透率一般为 500～21623 毫达西，最大可达 22674 毫达西。

(3) 沙一段储层特征。沙一段储层分为Ⅰ、Ⅱ、Ⅲ三个砂组，其中Ⅰ砂组岩性以中、粗粒与不等粒及含砾、砾质不等粒砂岩为主。砂岩结构和成分成熟度均低，具有近物源沉积特征。岩石结构疏松，分选性差，磨圆度为次棱角状。颗粒以点状接触为主，孔隙式胶结。泥质填隙物为主，少量碳酸盐和黄铁矿等，泥质含量 8%～19%。处于早成岩阶段，以机械压实为主，化学胶结很弱，固结程度差，结构疏松。蒙脱石尚未大量向伊利石转化，伊/蒙混层比一般大于 75%。岩心分析孔隙度 34.4%，渗透率 1524.9 毫达西，属于高孔高渗储层。Ⅱ砂组主要有两类储层：砂岩储层和粒屑碳酸盐岩储层。砂岩储集层岩性较粗，分选差，以砾岩、砾状砂岩和含砾砂岩为主。岩心分析孔隙度 30.5%，渗透率 1061.1 毫达西。粒屑碳酸盐岩一般具有较好的储集物性，孔隙发育，孔隙类型多、连通性好。Ⅲ砂组储层分布局限，储层特征与Ⅱ砂组郑 39 扇体相似。岩性以含砾砂岩为主，成分成熟度和结构成熟度极低。总体含油性差，东部物源的郑 409 井区储层物性和含油性相对好。岩心分析储层平均孔隙度 24.7%，平均渗透率 312 毫达西。

（4）馆陶组储层特征。馆陶组岩性以含砾砂岩及粉砂岩为主，砂、砾岩成分以石英为主，砾径一般 1～2 毫米，含油性较好。储集空间以粒间孔为主，泥质微孔隙次之，储集空间简单，为孔隙型储层。岩心分析馆陶组孔隙度 35.4%，渗透率 3525.5 毫达西，为高孔高渗储层。

3. 流体特征

王庄油田地面原油密度在 0.8344～1.0311 克/立方厘米之间，黏度为 4.8～35000 毫帕·秒之间（50℃）；天然气相对密度在 0.5818～0.7509 之间；地层水水型为氯化钙，总矿化度在 9270～23077 毫克/升之间。

4.2　滨南热采疏松砂岩油藏防砂难点

经过多年的开发，滨南热采稠油油藏采出程度高，防砂矛盾突出，严重影响稠油油藏的开发效果。滨南采油厂稠油热采吞吐井防砂难点主要体现在以下五个方面：稠油统防统注、层间动用不均；稠油边部低渗、常规改造较差；细砂微粒运移、近井地带堵塞；泥胶颗粒镶嵌、渗流通道堵塞；套损井增多，防砂配套工艺实施难度大。

随着稠油老区开采年数的延长，由于套损造成的停产井日益增多，至 2016 年底，单家寺和王庄油田共有套损井 398 口，其中停产 156 口。通过对套损类型统计分类，热采井套损类型主要为套管弯曲、缩颈、错断和破损，套损位置主要集中在油层段。通过数据分析和理论计算，确定稠油热采井套损主要影响因素有：

一是蒸汽对套管的伤害。多轮次蒸汽吞吐，油层段套管受热胀冷缩等影响，油井易发生套破或套管变形。

二是防砂、生产中出砂的影响。油井挤压充填、生产中出砂造成近井地带地应力变化，挤压套管造成套管缩径、变形。

目前常规的治理措施主要有侧钻、套管补贴、下小套管等，常规治理措施后，降低了套管内径和强度，防砂方式和规模受限，同时套管补贴和留井小套管会降低井筒渗流能力、提高注汽压力，对产能恢复影响较大。

4.3　热采井防砂技术

1982 年 5 月，在单家寺油田单 2 井第一次采用金属绕丝管防砂工艺，顺利完成试油求产任务。开井后单井日生产液量 63 吨，日生产原油 44 吨，累计生产 491 天，累计生产原油 1.75 万吨。单家寺油井开发初期，主要采用涂料砂防砂和绕丝管管内砾石充填防砂工艺。

4.3.1　化学防砂技术

涂料砂防砂是指将具有固结性能的石英砂、陶粒充填到地层，形成固结效果的防砂方式，也称为涂覆砂防砂、复合防砂等。该技术适用于油层吸收能力较大的油井防砂，施工简单，防砂强度较高，防砂后可保持较高的渗透率。

1. 分子膜抑砂剂

黏土矿物中蒙脱石呈膜状或片状充填，遇水膨胀破坏后对储层孔渗的伤害最大。该问题在郑 41 块较为突出，针对郑 41 块高岭石、伊利石等遇水破碎堵塞油层的问题，配套了抑砂挤压充填技术，先期采用抑砂剂进行抑砂固结，有效减少细粉砂微粒在层间运移，然后根据储层特点再进行挤压充填提高防砂效果。

表 4－1　郑 41 块边部及南部高、伊、蒙含量对比表

部位	高岭石	伊利石	蒙脱石
边部及南部	14%～18%	10%～14%	9.40%
主体	7%	4.30%	5.20%

蒸汽吞吐后普遍存在周期初期产量高、周期早期递减快、低产量运行时间长的特点。通过调研分析认为，该区域黏土矿物组分与王庄主体部位不同，高岭石含量为 14%～18%，伊利石含量为 10%～14%，蒙脱石含量较少，平均为 9.4%。投产初期采用防膨保护措施，并不能有效解决高岭石等遇水破碎堵塞油层的问题。（图 4－1）

针对黏土矿物以高岭石和伊利石为主储层，配套了抑砂挤压充填技术，先期

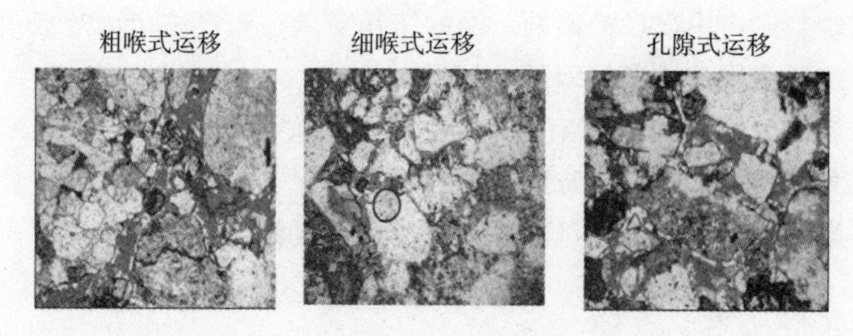

图 4-1 黏土矿物质微粒的不同运移方式

采取，有效减少细粉砂微粒在层间运移，然后根据储层特点再进行挤压充填防砂工艺进行防砂。该工艺 2003 年在王庄油田开始试验，累计实施 45 井次，与单纯挤压充填防砂相比，平均防砂周期延长 155 天，单井平均累产油增加 0.4 万吨，取得较好效果。该工艺 2003 年在王庄油田开始试验，累计实施 45 井次，与单纯挤压充填防砂相比，平均防砂周期延长 155 天，单井平均累产油增加 0.4 万吨，取得较好效果。以 WZ41－3X11 井为例，由于出砂严重，一直停井。2012 年 12 月采用分子膜＋挤压充填防砂后，峰值产量达到 49.4/11.4/77%，累油 1675 吨，取得较好效果。

2. 耐高温高强度覆膜砂

多层耐高温高强度多层涂料砂（覆膜支撑剂）采用三层涂覆的方式，在石英砂的表面涂覆预修饰层，改善支撑剂的圆球度和预固化效果，然后涂覆耐高温固化层，最外层涂覆惰性层，惰性层采用惰性覆膜材料进行涂覆，避免中间可固化层与携砂液的接触，减小携砂液对可固化层固结效果的影响，保证覆膜支撑剂可以在井筒中安全稳定泵送。涂料砂防砂已经能够满足油层温度 50℃以上常规开发井、蒸汽吞吐井的开发需要。

高温多层覆膜支撑剂结构设计如图 4-2 所示。

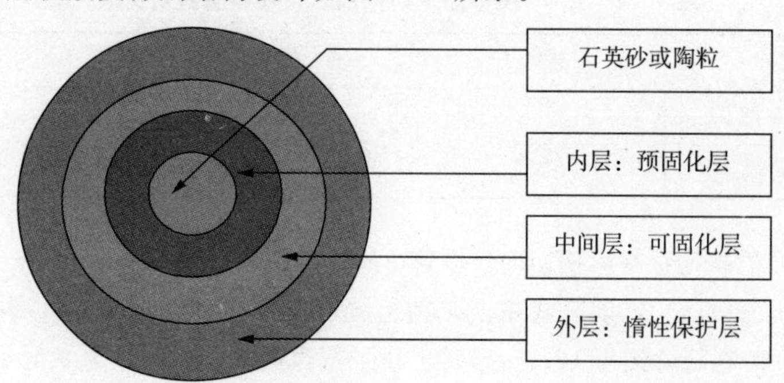

图 4-2 耐高温多层覆膜支撑剂结构设计

耐高温高强度覆膜砂防砂属化学防砂一种，它对固结地层细粉砂有较强的作用，可单独使用，也可配合绕丝管管外砾石充填防砂使用。

防砂机理：稠油井注高温蒸汽即将结束时，将高温固砂剂与水按比例混溶，利用地面泵车设备挤入井内，然后再用高温蒸汽将混溶液从井筒挤入井底附近地层，关井后凝。进入地层的高温固砂剂混溶液在蒸汽的高温作用下，发生化学反应，产生胶链物质，将地层中的细粉砂胶结在一起，提高胶结程度。从而在油井井底附近地带形成一道挡砂墙，达到防砂的目的。

优点：该防砂工艺技术操作非常简单，对易出细粉砂的地层效果显著，且费用低。对其他机械防砂工艺防砂效果不理想，配合使用该方法能够得到较好的防砂效果。

缺点：该防砂工艺的防砂有效期较短，一般仅能维持 1～2 个周期。

耐高温高强度覆膜砂累计实施 185 井次，平均生产周期防砂费用相比机械防砂低 10 万元，平均周期产油 1200 吨，开发初期能满足稠油防砂需要。

单家寺油田属于超稠油油藏，SJ2－47X9 井原油黏度高（15000mPa・s），采用常规的充填防砂后，蒸汽吞吐开采不足 2 个月，油井出砂，后大修后捞出防砂管柱。2010 年采用耐高温多层覆膜支撑剂进行涂料砂防砂，累计充填涂料砂 15m³，施工排量 1.8m³/min。施工后，该井已经实现了四轮次注汽生产，为该区块的有效开发提供了可借鉴的技术手段。（图 4－3）

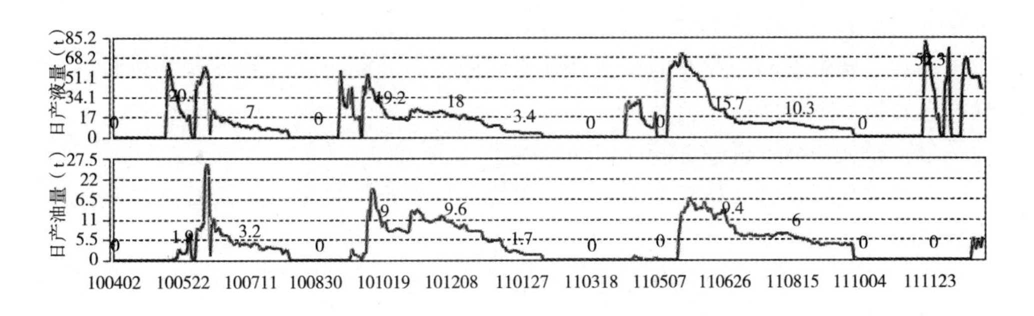

图 4－3　SJ2－47X9 井日度生产曲线

4.3.2　循环砾石充填防砂工艺

单家寺稠油油田开发初期，防砂工艺单一，油井多数采用绕丝管管外砾石充填防砂工艺进行防砂投产，并取得了良好的防砂效果。对于前期防砂失效的老井，油层已经过改造，近井地带无堵塞，也采用该防砂工艺。

防砂机理：绕丝管管外砾石充填防砂工艺是将绕丝管与充填工具及其配套工具下入井内，使绕丝管正对油层，然后通过地面泵车设备，将砾石正循环充填到绕丝管与油层套管的环形空间，当砂柱增长到将信号筛管掩埋时，泵压开始上升，泵压升至3MPa时停止加砂，开始顶替，泵压缓慢上升至12MPa时停止顶替（这时充填的砾石被压实），改管线进行反洗井，将多余的砾石洗出。最后丢手起出管柱完成防砂施工。

优点：工艺简单、技术要求低，井底绕丝管外砾石层渗透率高，油流阻力小；防砂成本低。

缺点：由于稠油高温蒸汽吞吐开采方式影响，该防砂工艺的缺点随着油田开发时间的推移逐渐显露出来，表现出对出细砂的井易造成堵塞，使采油泵造成砂堵不进液，而且寿命相对较短。

首先，针对高温蒸汽吞吐开采的方式，绕丝管自身存在缺陷，因为当高温蒸汽通过绕丝管进入地层时，绕丝管受热膨胀伸长，又因绕丝管的绕丝与中心筛管材质不同膨胀系数不同，且绕丝被砾石充填层压实不能移动，所以造成绕丝管的绕丝与中心筛管脱开，使防砂失败。

其次，高温蒸汽吞吐开采2～3周之后，油层的岩石结构遭到破坏，油层出砂程度加剧亏空加大，此时再注高温蒸汽，会将绕丝管与油层套管环空充填的砾石携带到油层中去，造成环空空虚。而当下泵生产时，油流又将砾石及地层砂一同携带出来，并通过射孔炮眼形成喷射流，直接冲击绕丝管，反复几周后绕丝管被冲击破损，造成防砂失败。

针对金属绕丝筛管存在的缺点，配套实施了激光割缝管管外砾石充填防砂和悬挂金属棉滤砂管防砂工艺技术。

（1）激光割缝管管外砾石充填防砂工艺

为了避免绕丝管管外砾石充填防砂中绕丝管自身的热胀不均的缺陷，我们将其更换成激光割管。

防砂机理：激光割缝管管外砾石充填防砂工艺的防砂机理与绕丝管管外砾石充填防砂工艺技术完全相同。

优点：因为其与绕丝管管外砾石充填防砂工艺技术完全相同，有成熟的工艺技术，防砂成本低，避免了热胀不均的缺陷，提高了抗冲击的能力。

缺点：激光割缝管所切割的筛缝数量有限，油流阻力大；激光割缝管所切割的筛缝厚度大，筛缝容易被地层细粉砂及胶质物堵塞，从而大幅增加油流阻力，降低产量，造成防砂效果差。

（2）悬挂金属棉滤砂管防砂工艺

单家寺稠油油田开发进入中期之后，由于采用高温蒸汽吞吐开采，部分井的油层套管被损坏，甚至有些井破损严重，为能够继续生产，不得不进行套管补贴或侧钻施工。施工后油井套管发生缩径，采用绕丝管或激光割缝管管外砾石充填防砂，技术难度大，且配套工具少，因此我们采用了悬挂金属棉滤砂管防砂工艺技术。

防砂机理：将金属棉滤砂管与双向卡瓦丢手封连接用油管输送下入井内，使金属棉滤砂管正对油层，然后向油管内投放座封钢球，利用地面泵车设备向油管内打压，迫使双向卡瓦丢手封座封并同时实现与油管脱开，将金属棉滤砂管悬挂在井内，形成防砂屏障。

优点：解决了套管补贴及侧钻井的防砂难题，且工艺简单可靠，减少作业工序，缩短了占井周期，成本费用低，防砂效果好。

缺点：①金属棉滤砂管较容易黏附地层细粉砂及胶质物，从而堵塞油流通道降低油井产量。②油井生产一段时间后，通过自然充填作用，地层砂会充填到滤砂管周围，这样地层砂和双向卡瓦丢手封会将滤砂管两端固定死，油井注高温蒸汽时防砂管柱受热膨胀伸长，由于两端无法移动，强大的膨胀力容易将滤砂管挤坏。

1983 年 8 月在单家寺油田的单 2－1 井第一次实施割缝管防砂工艺，开井后日产液量 60 吨，日产油量 6 吨，单家寺油田共累计实施割缝管防砂工艺 9 口井，成功率 100％。1992 年 1 月在单 2－41X19 井第一次应用金属棉防砂，开井后生产 625 天，累计生产原油 11250 吨，单家寺油田累计实施金属棉防砂工艺 33 井次，成功率 91％。循环砾石充填防砂“十二五”以来共计实施 362 井次，相比于化学防砂，平均防砂周期延长 450 天，措施累计产油 4.6 万吨。

4.3.3　挤压砾石充填防砂工艺

滨南稠油油藏地层胶结疏松，油层岩性自下而上逐渐变细。油井射孔、冲洗炮眼后，被冲洗畅通的弹孔，要及时地挤入粒度相对均匀的高渗透砾石，如果只在井筒内形成挡砂层，在生产时，弹孔将会被松散的大小不同的地层砂再次堵塞，这些杂乱无章的地层砂的渗透率极低，远远小于地层的原始渗透率，极大地降低油井产能。

根据埃利斯（Ellis）等人提出的弹孔压降的计算公式可知，在其他条件相同时，弹孔内充填物渗透率，对弹孔压降产生决定性的影响，若取地层砂的渗透率为 $K_1=0.5\mu m^2$，取弹孔内充满石英砂砾的渗透率为 $K_2=120\mu m^2$，ΔP_1 为弹孔内充满地层砂时的弹孔压降，ΔP_2 为弹孔内充满充填砾石时的弹孔压降，则由计算可知：

$$\frac{\Delta P_1}{\Delta P_2} \approx 240 \text{（倍）}$$

可见弹孔内挤入高渗透砾石对改善井底渗流条件十分重要，只有改善弹孔及近井地带的渗透率，才能有效地减少防砂后的产能损失。

因此采用地层挤压砾石充填防砂工艺，将高渗透砾石挤入弹孔中和套管周围的地层空穴内，从而大大降低油流在通过弹孔时的流动阻力，因而在相同生产压差条件下，可显著提高油井产能。采用地层预充填和绕丝筛管砾石充填复合防砂工艺，从而达到防砂和油层改造的双重目的。

1. *两步法地层充填复合防砂技术*

技术原理：先下光油管进行地层高压预充填，然后下入防砂管柱，进行管内低压循环充填。适用于井段较长、层间差异小的油井。该技术工艺成熟，成功率高，能有效改造地层，防砂效果较好。但该工艺不能实现油层的分层改造，施工周期长。

两步法地层充填复合防砂“十二五”以来共计实施 658 井次，在单家寺和王庄油田均具有较好的适用性，平均单井日液 28 吨，单井日油 6.7 吨，措施累计产油 185 万吨。

典型井例：SJSH10X122

SJSH10X122 为单家寺油田单 10 块单 10X122 井区的一口滚动勘探井，2014 年 4 月投产馆陶三沙组，油层厚度 6.9 米，平均孔隙度 28.5%，平均渗透率 327 毫达西，泥质含量 11%，该井层间物性差异较小，采用两步法地层充填复合防砂，设计 0.425～0.85mm 石英砂地层挤压充填，充填排量 2.1 方/分，砂量 60 吨，陶粒砂环空充填防砂。（图 4－4）

表 4－2 SJSH10X122 油层数据

层位	电测序号	井段顶（m）	井段底（m）	厚度（m）	孔隙度%	渗透率 $10^{-3}\mu m^2$	泥质含量%
Ng3	007	1272.0	1276.5	4.5	26.836	335.6	11.1
	008	1277.6	1280.0	2.4	30.178	318.4	10.8
合计		共 2 层		6.9			

该井地层挤压充填压力 13～14MPa，最高砂比 60%，施工参数达到设计要求。周期注汽 2468 吨，平均注汽压力 16.5MPa，注汽干度 71.5%，流量 8.5 吨/小时，地层挤压充填后，注汽压力较区块新井降低 1.5MPa。

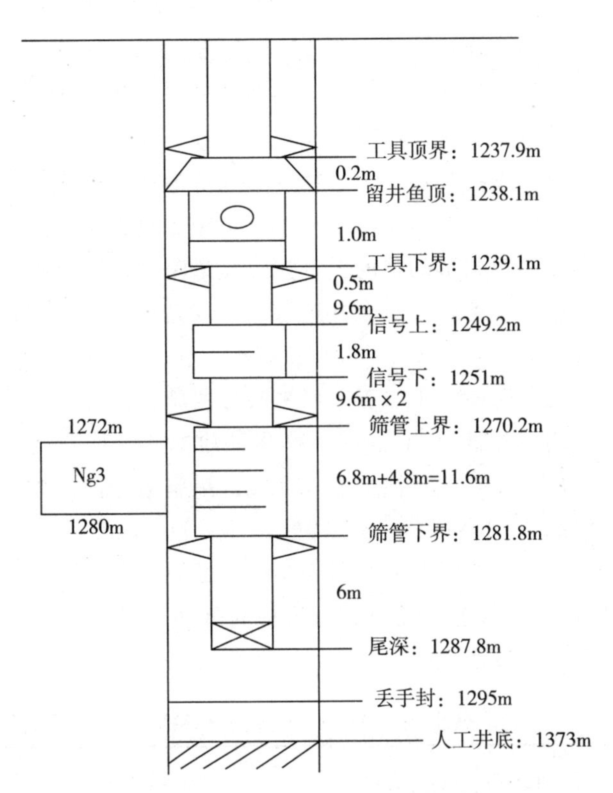

图 4－4　SJSH10X122 防砂管柱图

该井 2014 年 5 月 20 日开井，第一周峰值油量 17.1 吨，目前已生产 5 周，累产油 14446 吨，平均周期油量 2889 吨，油汽比 1.05，两步法地层充填复合防砂取得较好的开发效果。（图 4－5）

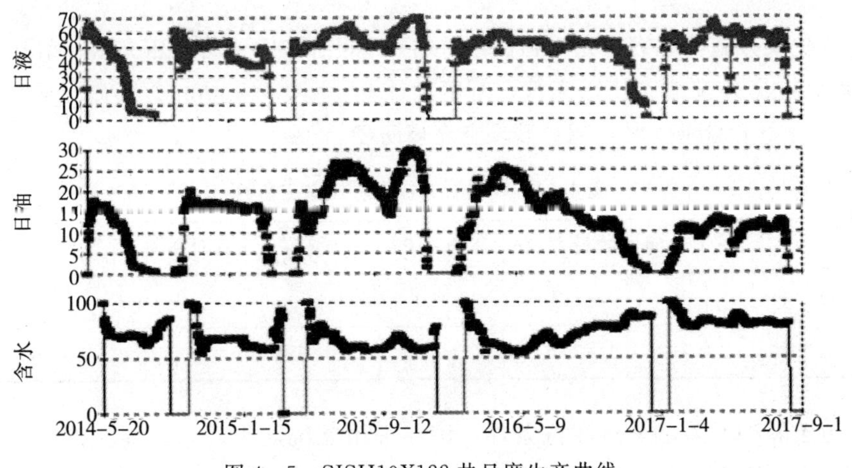

图 4－5　SJSH10X122 井日度生产曲线

2. 分层射孔分层充填技术

针对储层纵向上渗透率差异大、层多层薄的开发矛盾，如采取笼统地层砾石挤压充填工艺，充填砂大量进入高渗透层，而低渗透层则由于进砂量少得不到改造，利用率差。为充分发挥各层潜力，特别是发挥渗透率较低的小层的潜力，对多层且渗透率差异大的井，在地层高饱和预充填施工过程中采用分层射孔、分层充填工艺，从而实现多层改造的目的。首先对渗透率较低的层射孔，进行地层预充填，然后对高渗透率层射孔，对全井进行一次性充填防砂，加强对低渗透层的动用。

分层射孔分层充填防砂“十二五”以来共计实施120井次，能有效提高储层纵向动用程度，平均单井日液36.5吨，单井日油9.6吨，与笼统挤压充填防砂相比，单井日液增加8.5吨，日油增加2.9吨，措施累计产油36万吨。

典型井例：WZ36－11X1

WZ36－11X1为郑364块西部与郑365结合区域的老区调整井，生产沙一段一砂组4、5小层，层间渗透率差异大，为提高低渗层的动用率，设计采用分层射孔分层充填防砂工艺投产。

表4－3　WZ36－11X1油层数据

层位	电测序号	井段顶（m）	井段底（m）	厚度（m）	孔隙度%	渗透率 $10^{-3}\mu m^2$	泥质含量%
ES114－5	007	1262.1	1264.1	2.0	36.9	689.38	24.3
	008	1266.9	1272	5.1	34.5	1284.27	14.8
	009	1274.6	1279	4.4	5.8	21.17	11.1
合计		共　层		11.5			

优化参数施工方案，先对物性较差的009#射孔后地层挤压充填，射孔007、008#后再全井段地层挤压充填，充填设计0.425～0.85mm石英砂，充填排量2.1方/分，砂量100吨，陶粒砂环空充填防砂。

表4－4　WZ36－11X1防砂施工参数

层位	施工时间	排量方/分	压力MPa	砂比%	设计砂量t	实际砂量t
009#	1.15	2.1	9～11	10～50	40	40
007－009#	1.19	2.1	10～14	10～50	60	60

由于隔层不满足分层注汽条件，该井采用笼统注汽，第一周注汽量2063t，平均注汽压力11.4MPa，注汽干度70.4%，流温流压监测资料显示井内全部为

饱和状态，注汽参数达到设计要求。

该井 2016 年 2 月 22 日开井，第一周峰值油量 18.9 吨，目前已生产 2 周，累产油 5386 吨，平均周期油量 2693 吨，油汽比 1.18，分层射孔分层充填防砂取得较好的开发效果。(图 4－6)

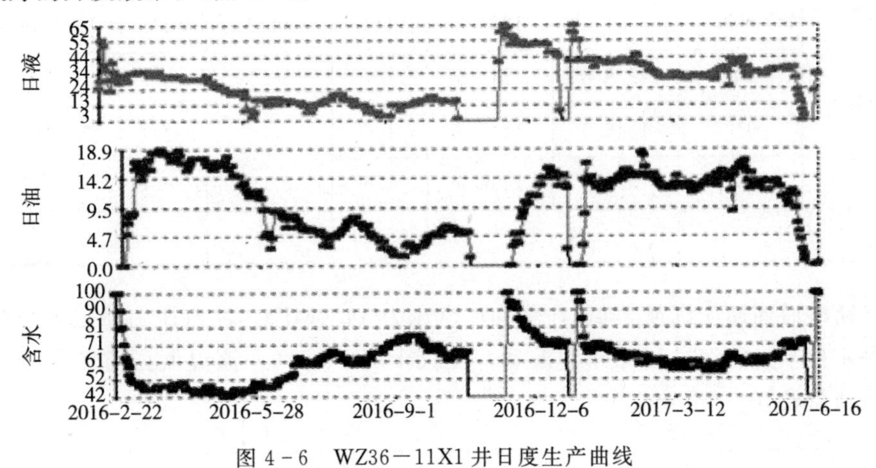

图 4－6　WZ36－11X1 井日度生产曲线

3. *一次性高压循环充填防砂技术*

针对两步法地层充填复合防砂工序较烦琐、占井时间长的情况，引进了一次性高压充填防砂工艺。该工艺是将防砂管柱及充填工具一次性下入井内，使地层预充填和管内砾石充填一次完成施工。其主要优点是：将地层预充填和绕丝管充填两道工序合二为一，减少了施工工序和作业占井时间，单井施工周期平均比复合防砂缩短 2～3 天。

一次性高压循环充填防砂“十二五”以来共计实施 35 井次，在单家寺和王庄油田均具有较好的适用性，平均单井日液 28 吨，单井日油 5.5 吨，措施累计产油 9 万吨。

典型井例：WZ36－8X7

WZ36－8X7 井位于王庄油田郑 364 块，2008.07 投产 8－12＃，生产 6 周，累产油 2.885 万吨，累水 2.53 万吨。

2015.4 月大修，未能全部捞获防砂管柱，井内留有 7.2m 防砂管，打印显示套管错断，深度：1254.7m，下 ϕ150 平底磨鞋磨铣至 1258.8m。下打孔小套管，尾深 1258.5m，小套管内径 121mm，受套管尺寸影响，常规两步法地层挤压充填施工难度大，因此设计采用一次性高压循环充填防砂。

设计地层挤压充填排量 2.1 方/分，石英砂 30 吨，最高砂比 30%，充填施工压力 11～22MPa。

表 4－5　WZ36－8X7 油层数据

层位	电测序号	井段顶（m）	井段底（m）	厚度（m）	孔隙度%	渗透率 $10^{-3}\mu m^2$	泥质含量%
ES113－5	008	1231.5	1234.8	4.3	31.2	110.1	16.1
	009	1238.8	1242.5	4.7	36.1	539.4	8.6
	010	1246.0	1247.6	1.6	35.5	277.1	16.6
	012	1254.0	1256.6	4.6	37.9	607.8	11.6
合计		共 4 层		12.20			

防砂后周期注汽量 2040t，平均注汽压力 14.4MPa，注汽压力稳定，与措施前基本持平，注汽过程无异常波动，注汽干度 71.5%，流温流压监测结果显示注汽质量较好。（图 4－7）

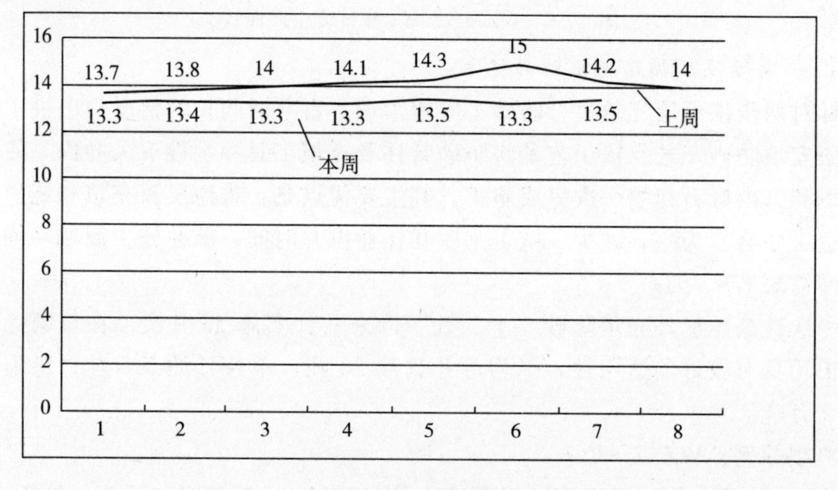

图 4－7　WZ36－8X7 措施前后注汽压力对比

2015 年 8 月 10 日开井，峰值油量 15.4 吨，防砂后周期生产 604 天，周期产油 4970t，平均日油 8.2t，周期油汽比 2.43，一次性充填对小套管井具有较好的适应性。（图 4－8）

4．可重复充填防砂技术

针对现有充填防砂技术防砂层段无法均匀密实充填的问题，在该技术中进行了改进，对充填参数进行了优化设计，配套完善了充填层密实性现场控制技术，提高充填层密实性，满足稠油热采井多轮次注汽长效防砂需求。

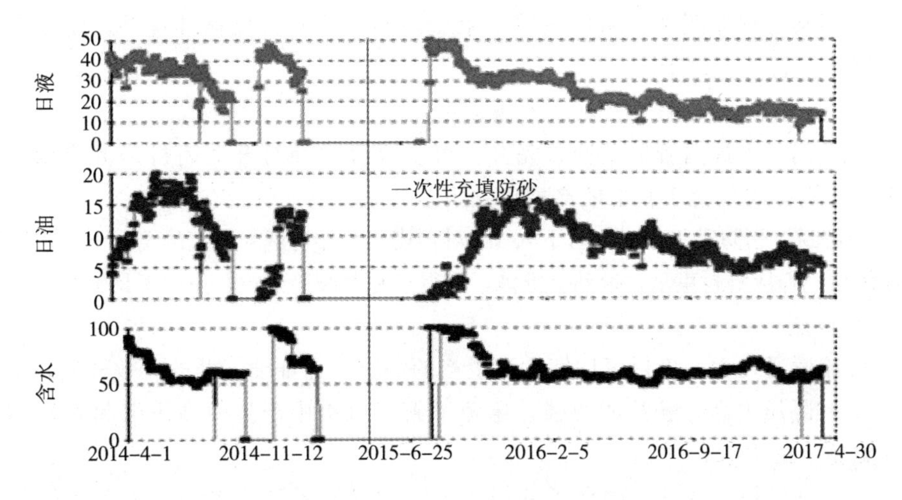

图 4－8　WZ36－8X7 井日度生产曲线

（1）可重复充填工具

① 结构设计

可重复充填工具主要由解封装置、卡瓦锚定机构、密封机构、丢手装置、反洗机构、填砂装置及开关机构等七大部分组成，其结构组成如图 4－9 所示。与常规充填工具相比，其最大特点是增加了可重复充填开关。

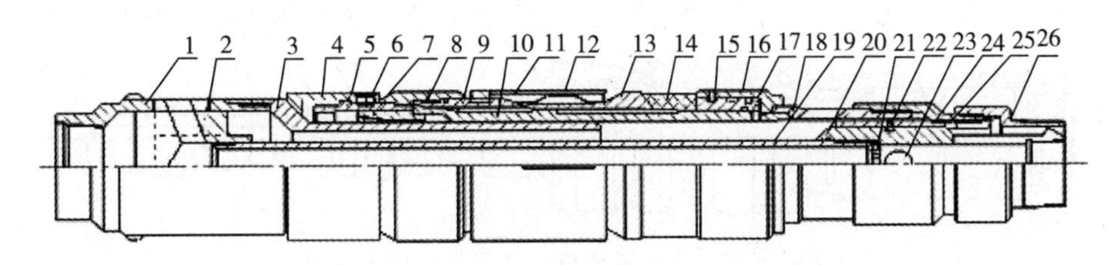

图 4－9　可重复充填防砂工具结构图

1—上接头；2—液流转换接头；3—充填套；4—留井套；5—解封套；6—紧定螺钉；7—打捞接头；8—紧定套；9—上锥体；10—液缸；11—卡瓦套；12—卡瓦；13—下锥体；14—封隔件；15—座封销钉；16—活塞；17—活塞套；18—外充填套；19—中心管；20—打开关闭机构；21—挡板；22—开关销钉；23—单流阀；24—可重复开关；25—开关套；26—下接头

② 工作原理

a. 座封：将可重复充填工具下到设计位置后，上提管柱，打压，液压由液流转换接头经过液缸上的传压孔作用于活塞上，推动座封活塞上行压缩封隔件，同时下锥体继续上行将卡瓦撑开并悬挂于套管上，达到一定压力后，完成悬挂座封。

b. 挤压充填防砂施工：按施工设计将砂浆由充填口挤入地层，挤压完设计砂量或压力升高后停泵，放喷，待压力扩散，打开套管闸门，进行循环充填。

c. 不动管柱反洗井：循环充填结束后，倒管线直接反循环洗井，洗出管内多余砾石，直至出口干净。

d. 丢手：上提管柱，正转，实现丢手。

e. 关门：上提内管柱及冲管完井，可重复开关在打开关闭机构的作用下上行复位，自动将外充工具上的充填口关闭。

f. 解封：当防砂失效时，可下入 4in 对扣捞锚公扣与解封套上的 4in 母扣对扣后，上提管柱，释放解封束爪，带动上锥体，使得卡瓦及胶筒回收，完成工具解封。

③ 优点

a. 流通通径大，确保了后期注汽生产的需求，保证油气井的有效开发；

b. 封隔压力高，悬挂能力强，避免了施工过程中产生的高压引起管柱的移动导致施工的失败；

c. 不动管柱反洗井，确保了井筒内多余砂及时反洗出井口，避免了管柱的堵塞。

（2）可重复充填对接工具

① 结构设计

重复充填对接工具主要由自封机构、填砂装置、密封对接机构、开关机构以及下挡砂皮碗等五大部分组成，其结构组成如图 4－10 所示。

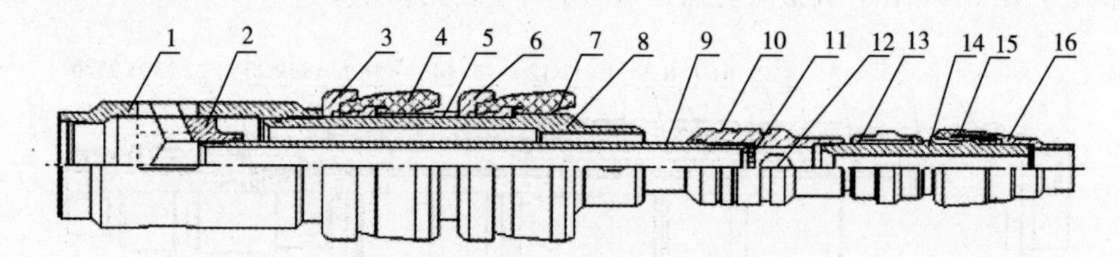

图 4－10　可重复充填对接工具结构示意图

1—上接头；2—液流转换接头；3—压帽Ⅰ；4—上皮碗Ⅰ；5—支撑套；6—压帽Ⅱ；7—上皮碗Ⅱ；8—充填套；9—中心管；10—密封套；11—挡板；12—单流阀；13—开关机构；14—连接套；15—挡砂皮碗；16—下接头

② 工作原理

a. 二次充填通道建立：稠油多轮次吞吐井注汽生产过程中，如果发现筛套环空没破坏，但近井地带亏空。将内管柱下入工具留井鱼顶内，利用重复充填对接工具的开关机构打开可重复充填工具上留井的可重复开关，这时，内管柱夹壁式充填通道与外套充填孔恢复到工具连通状态，打开二次充填通道实现重复充填防砂。

b. 挤压充填防砂施工：按充填砂粒流失情况将液体及支撑剂由充填口挤入地层，挤压完设计砂量或压力升高后停泵，放喷，待压力扩散，打开套管闸门，进行循环充填。

c. 不动管柱反洗井：循环充填结束后，倒管线直接反循环洗井，洗出管内多余砾石，直至出口干净。

d. 关门：上提内管柱及冲管完井，可重复开关在打开关闭机构的作用下上行复位，自动将外充套上的充填口关闭。

③ 优点

a. 可靠性好：开关以下挡砂皮碗有效防止砂粒进内腔，保持二次补砂过程中内腔干净可靠，避免管柱受卡隐患。

b. 安全性能高：内管柱夹壁式充填通道，为施工安全顺利提供了有力的保障。

c. 密封性能好：内管柱与留井重复充填工具对接密封机构，提高密封强度。

d. 有效保护重复充填工具的留井封隔器：内管柱承高压封隔装置保护胶筒。

(3) 应用情况

可重复充填防砂技术"十二五"以来共计实施 5 井次，均运用在王庄油田防砂周期长，产量递减明显井，措施后平均单井日液增加 10 吨，单井日油 3 吨，措施累计产油 1.2 万吨。

典型井例：WZ36－11－3

WZ36－11－3 井位于王庄油田郑 364 块，2008 年 3 月复合防砂投产，随着吞吐轮次增加，近井地带亏空严重，充填砂随着蒸汽运移，充填层挡砂效果日益变差，周期产量递减加剧。2014 年 11 月实施重复充填防砂工艺，施工排量 1.2 方/分，共加入石英砂 15 吨，措施后峰值油量达到 28 吨，稳产时间明显增长，措施效果明显。措施后生产 3 周，平均周期产油 4065 吨，油汽比 1.3。(图 4－11)

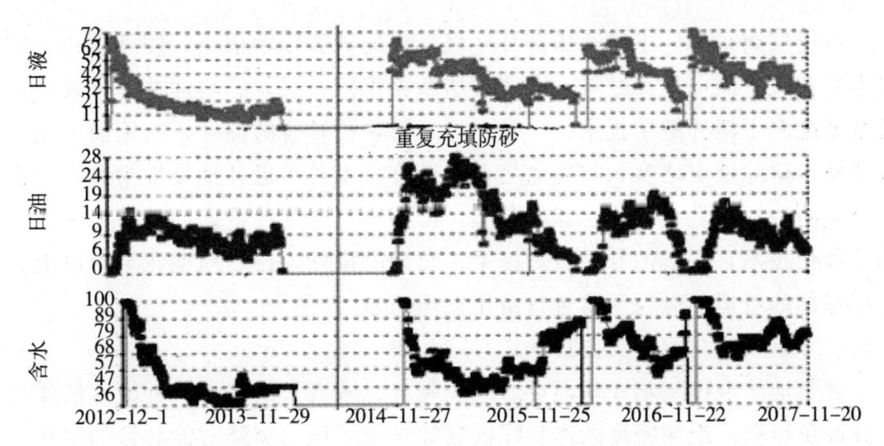

图 4－11　WZ36－11－3 井日度生产曲线

4.3.4 热采井充填防砂配套优化技术

1. 地层预处理技术

油井在钻井和生产过程中，外来流体或杂质不可避免地进入地层，带来堵塞伤害，影响油井的产能。对此类油井根据地层堵塞物质的不同，在防砂前进行地层预处理，实施防膨酸化和负压返排工艺技术，解除泥浆堵塞，提高近井地带的表皮系数。

主要原理是采用稀盐酸酸化+氮气负压返排技术进行前期解堵，然后对地层进行挤压充填实现强化防砂的目的。通过该技术的创新应用，可有效地提高充填砂量和加砂比，扩大改造半径，提高充填层渗透率，改善效果。

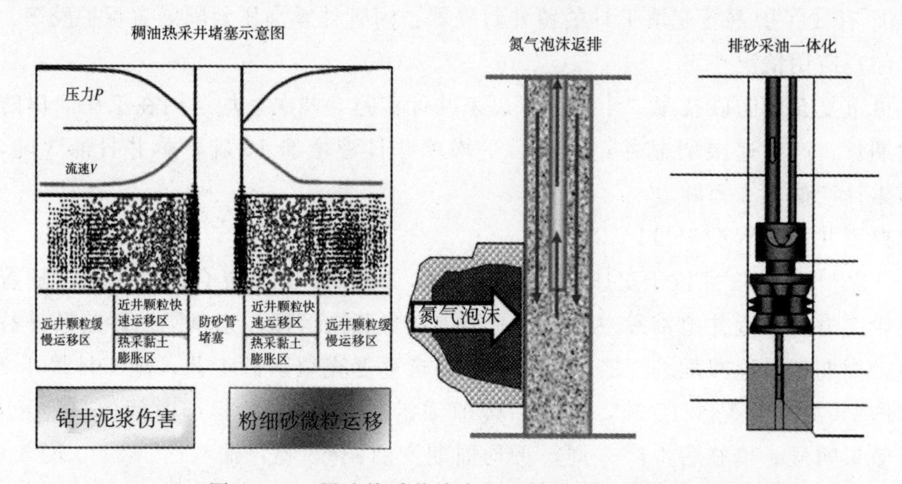

图 4-12 稠油热采井堵塞机理及返排、排砂示意图

由于滨南采油厂王庄油田部分区域，地层砂粒度中值小，胶结疏松，同时地层中存在大量的可运移微粒，会严重堵塞充填砾石层，影响油井防砂效果，对此类堵塞配套了两种解堵技术：一是，可运移颗粒较少的油井，充填前采用水射流解堵技术解除地层堵塞，利用氮气负压返排技术排出近井地带细粉砂，再进行挤压充填防砂；二是，地层运移颗粒多，需要进行大规模排砂的油井，采用排砂采油一体化技术，先对油井进行大排量、长期的排砂，排砂周期在半年以上，排出地层深部的可运移微粒后再进行挤压充填防砂。(图 4-12)

(1) 氮气泡沫混排工艺技术

氮气泡沫混排解堵在地面可通过控制气、液流量来控制入井泡沫的密度，调节井底负压值。泡沫密度的逐步降低有效防止了压力突降对油套管的损伤，同时泡沫密度的控制有效防止了地层骨架坍塌。通过工艺流程优化在井底形成超负

压，从而使得井底堵塞物更彻底地排出。

氮气泡沫混排用途：①用于解除油井生产过程中的有机、无机堵塞，或用于解除钻完井过程中的污染，完善射孔炮眼；②将近井地带的细粉砂、泥质或其他地层堵塞物排出，结合砾石充填防砂，提高防砂效果和有效期，改善近井地带渗流状况。

氮气泡沫混排施工基本流程为：

① 向地层中注入一定量的氮气泡沫，泡沫密度为0.6～0.8g/cm^3，注入速度为0.3～0.5L/min，注入量由公式$Q=\varphi\cdot\pi r^2\cdot h$确定，式中，$Q$为注入泡沫量，$\varphi$为地层孔隙度，$r$为解堵半径，$h$为油层厚度。

② 用密度为0.2～0.5g/cm^{3}的低密度的氮气泡沫循环洗井1～3个循环，注入速度为0.4～0.6L/min，降低井底压力，控制井底压差10Mpa以内，依靠高速返排的泡沫以及气体膨胀作用，将近井地带的固体颗粒及有机沉淀物携带出地层；同时，利用携带有固体微粒的高速返排流体，对射孔炮眼的压实带由内向外进行冲洗，疏通射孔炮眼，达到射流解堵的效果。

(2) 水射流解堵优化技术

高压水旋转射流解堵技术是利用井下可控的旋转自振空化射流解堵装置产生高压水射流直接冲洗防砂管柱解堵，以及利用高频振荡水力波、空化噪声（超声波）物理解堵。水射流是近年来发展起来的、利用小扰动波在管系传播的瞬态流理论和水声学的流体自激振荡原理，将连续射流调制成具有强烈压力振荡和高空化初生能力的新型射流，可以利用其强烈的压力振荡和辐射强烈的空化噪声冲击波来解除地层堵塞，恢复或提高地层渗透率。

大量实验表明，射流振动频率达几千至上万赫兹，自振空化喷嘴的冲击压力峰值和压力脉动幅度分别比锥形喷嘴提高37%和24%。在相同泵压下，解堵效果为普通射流的2～4倍。

① 喷嘴设计理论

其基本原理是当稳定流体流过喷嘴谐振腔的出口收缩断面时，产生自激压力激动，这种压力激动反馈回谐振腔形成反馈压力振荡。适当控制谐振腔尺寸和流体的马赫数，使反馈压力振荡的频率与谐振腔的固有频率相匹配，从而在谐振腔内形成声谐共振，加强射流的空化作用。风琴管和亥姆霍兹谐振腔是两种典型的自激振动腔室结构，其中亥姆霍兹谐振腔自激振动效果更好。

② 阻尼式旋转装置研制

喷头的旋转是实现射流对射孔段所有防砂管柱直接冲洗的关键之一。为了控制旋转速度，采用了阻尼式旋转控制技术，如图4-13所示。

旋转轴外侧开有特殊的螺旋槽，螺旋槽内充满阻尼液。喷头的旋转速度由射流的旋转动力矩和喷头的旋转阻力平衡关系确定，旋转阻力由密封摩阻、阻尼液挤压力和黏滞阻力等组成。当泵压增加、射流产生的旋转动力矩增大时，转速有增大的趋势，但同时阻尼液挤压阻力也增加，使旋转阻力矩与旋转动力矩达到新的平衡，从而使旋转速度趋于稳定。

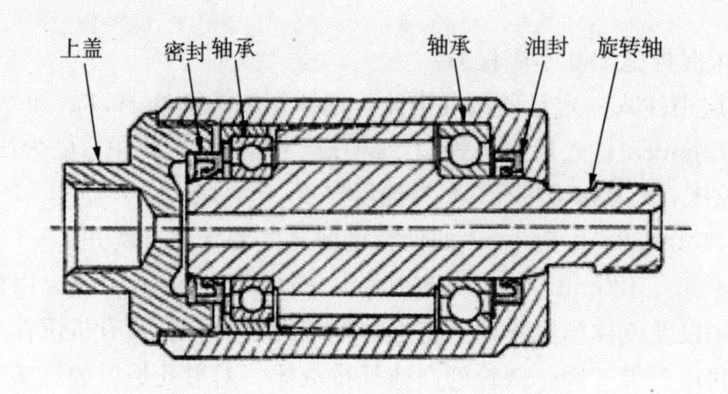

图 4-13 阻尼式旋转装置结构示意图

(3) 泡沫酸化技术

泡沫酸化技术就是在常规酸液体系中加入起泡剂和稳泡剂，通过泡沫发生器与气体混合，形成的泡沫体系，同时兼有泡沫流体性质和酸化能力，泡沫酸酸化技术特别适用于多层非均质油层酸化、低压、低渗井酸化以及老井的重复酸化。

与常规酸化相比，泡沫酸化主要有以下优点：泡沫本身具有选择性，可以使更多的酸液进入中低渗透层和油层；黏度大，低滤失，穿透能力强；由于结构及组分影响，泡沫酸本身具有良好的缓速效果；大量气相存在使泡沫酸化容易返排，对产层伤害少。

酸液可以是盐酸、氢氟酸、乙酸及混合酸等。

气相可选用氮气、空气、二氧化碳。空气中含有氧，会加速对金属的腐蚀。

起泡剂多选用阳离子型或非离子型表面活性剂。如有机胺、聚氧乙烯烷基酚醚、聚氧乙烯烷基醇醚、聚乙二醇等。阴离子起泡剂烷基磺酸盐也可使用，但泡沫酸稳定性稍差。

稳定剂可选择水溶性高分子，如 CMC、PAM、胍胶、黏土、超细 $CaCO_3$、SiO_2 等。

不同的酸液有不同的使用性能，因此，试验的内容和方法也就各不相同，酸液性能评价试验分为常规试验和特殊试验两类。酸液常规评定试验分为：

① 腐蚀性评价。酸化施工常用酸液（盐酸或土酸）都是腐蚀性很强的强酸。空白酸会对地面泵注设备、井口装置和井下管线造成很大腐蚀，特别是井下管线

和井下工具在高温下与酸液接触，腐蚀的速度更快。因此，几乎所有的施工酸液都必须添加性能符合要求的缓蚀剂。而腐蚀试验就是对这些缓蚀剂使用效果的模拟评定。一般的酸液腐蚀性评价方法包括静态评价方法和动态评价方法。

② 反应速度评定。酸与储层岩石的反应速度取决于储层岩石的性质、地层温度和酸液中的添加剂。一般都采用试验测定出代表反应速度的参数，作为酸化施工设计的基础数据。酸岩反应试验一般有三种方法，包括静态反应评定法、流动反应评定试验和旋转岩盘评定试验。

③ 残酸性能评定试验。目前现场主要评定残酸表面张力和接触角两种指标。酸液的特殊评定试验是指对一些有特定使用性能的酸液体系进行其性能指标的评定，以便进行施工设计计算。特殊评定试验分为：a. 流变性试验。用于测定已改造成非牛顿液体的酸液体系（如胶凝酸、乳化酸及泡沫酸等）的流变性参数，并用来进行施工设计计算。b. 摩阻试验。用于测定酸液（主要用于非牛顿型酸液体系）在管内流动中的摩擦阻力系数 R，并用来进行酸化施工设计。c. 酸液滤失速度评价。酸液的滤失速度对其有效穿透距离影响很大，是酸化压裂施工设计计算必需的参数之一。但因酸液是可反应液体，滤失将随溶蚀增加而变化，测定难度比较大，故应使用精度高的仪器。

酸液与储层岩石和流体是否相容，是此种酸能否使用的一个重要指标。因此，应对酸液进行相容性评定，主要有以下几种。

① 酸化效果试验。用于评价基质酸化后，储层中经酸液溶蚀部分岩石的渗透率改善程度，用以评价基质酸化效果。一般采用岩心流动实验测定 K_1/K_0。其中，K_1 为酸化处理后岩石渗透率；K_0 为酸化前岩石渗透率。

② 伤害评定试验。在有些地层（特别是碎屑岩类储层）中，含有一定数量的酸敏矿物，如绿泥石、石膏、氧化铁、高岭土等。酸处理后，在某些特定的条件下可能出现二次沉淀，从而使地层渗透率反而下降。因此对酸液也应进行伤害评价。

③ 乳化和破乳试验。若储层流体为原油，且其中含有某些可能产生乳化的活性物质时，在酸化施工的泵注和返排过程中，可能会因流动搅拌而产生乳化。在这种情况可能发生时，须在酸液中加入防乳破乳剂。乳化和破乳试验就是用来了解乳化程度并评价防乳破乳剂的使用效果。

泡沫酸酸化工艺实现了分层酸化，具有工艺简单、排酸彻底、处理半径大的特点，利用泡沫流体在地层的气阻叠加效应，改善酸化剖面，是一项适合于低渗油藏开发的新技术。

① 泡沫酸配方优化

泡沫酸解堵技术就是在土酸液体系中加入起泡剂，通过泡沫发生器与氮气混合，形成泡沫酸，进行酸化解堵。适用于多层非均质油层酸化、低压漏失老井的酸化解堵。

a. 发泡剂的选择

在如下土酸配方中：10.0%HCl＋5.0%HF＋2.0%PA－HCS（缓蚀剂）＋1.0%PA－TL（铁离子稳定剂）＋2.0%PA－NT（黏土稳定剂），加入不同类型和浓度的起泡剂，考查其发泡能力和半衰期结果见表 4－6 所列。

表 4－6　起泡剂的优选试验

起泡剂 / 浓度%		SJ－6（阴）		SJ－8（非）		DY－1		HY－2（非）	
		V0 (ml)	t0.5 (min)	V0 (ml)	t0.5 (min)	V0 (ml)	t0.5 (min)	V0 (ml)	t0.5 (min)
50℃	1	480	7.2	500	8.1	600	4.4	510	12.9
	2	450	8.3	450	10.6	650	7.3	540	10.3

从以上实验结果看，起泡剂 HY－2 在浓度较低的情况下，起泡体积和半衰期都能达到较为理想的结果，因而选用 HY－2 起泡剂。在此基础上，优化发泡剂使用浓度，最佳使用浓度为 1.0%。结果见表 4－7 所列。

表 4－7　不同起泡剂浓度下的起泡体积和半衰期

起泡剂浓度（%）	半衰期（min）	起泡体积（mL）
0.3	8.5	350
0.5	9.2	420
0.8	14.3	480
1.0	12.9	510
1.3	11.2	530
1.5	10.3	540

b. 稳泡剂类型及使用浓度的选择

方法同上，只是在配方中加入稳泡剂，实验结果见表 4－8 所列。

从表 4－8 所列可见，CMC 的用量较小，且效果较好，所以选用 CMC 作为稳泡剂。其浓度选为 0.5%，随着稳定剂含量增加，泡沫酸半衰期持续增加，稳泡能力升高，而且变化趋势较为明显。

分析认为，随着稳定剂含量增加，起泡体积持续减小原因是：泡沫酸表面黏度增加后，气体难以突破液膜进入液体内部而形成气泡，所以起泡能力下降。

表 4-8　不同稳泡剂浓度的起泡剂体积及半衰期

稳泡剂浓度（%）		半衰期（min）	起泡剂体积（mL）
CMC	0.25	15.23	520
	0.3	18.65	470
	0.4	32.75	450
	0.5	40.20	400
	0.8	77.25	350
KMS－2	2	9.5	600
	4	10.3	540
	8	14.5	460

② 泡沫酸性能评价实验研究

通过室内实验开展了泡沫酸质量性能评价、半衰期的测定和高温高压稳定性实验评价，达到现场施工要求。（图 4-14 至图 4-16）

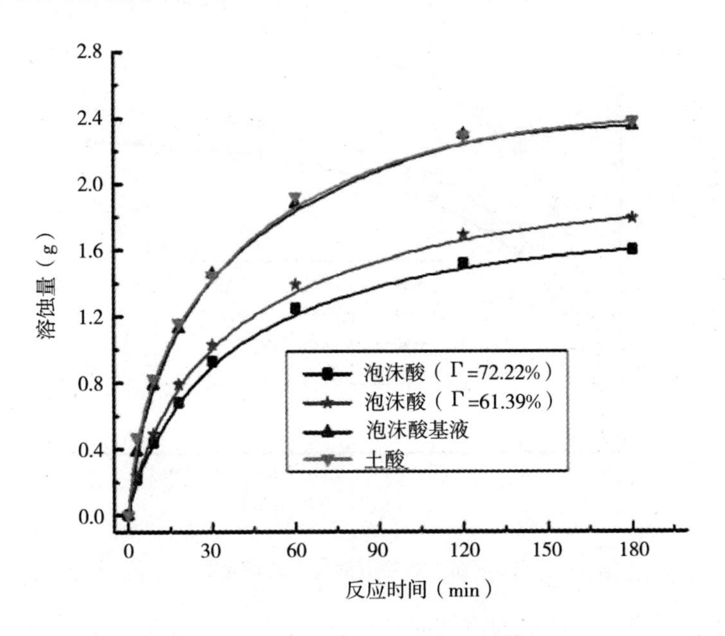

图 4-14　－225℃下酸岩反应溶蚀量

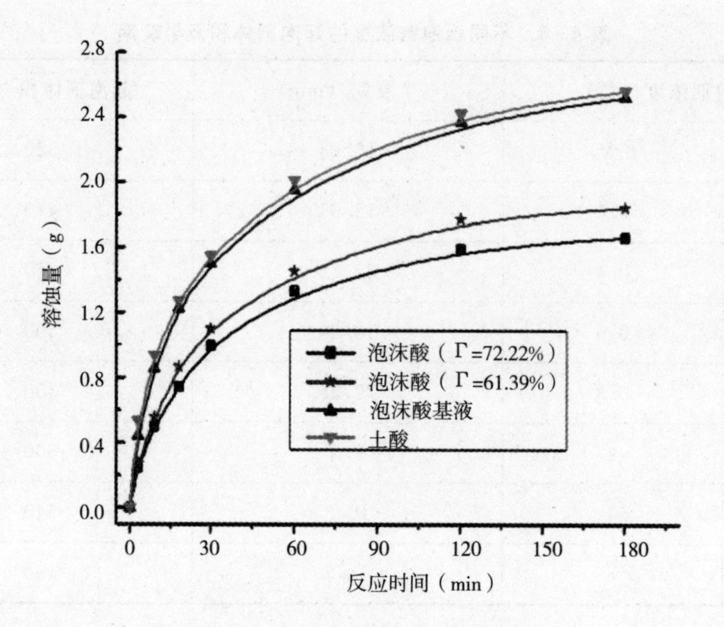

图 4-15　-345℃下酸岩反应溶蚀量

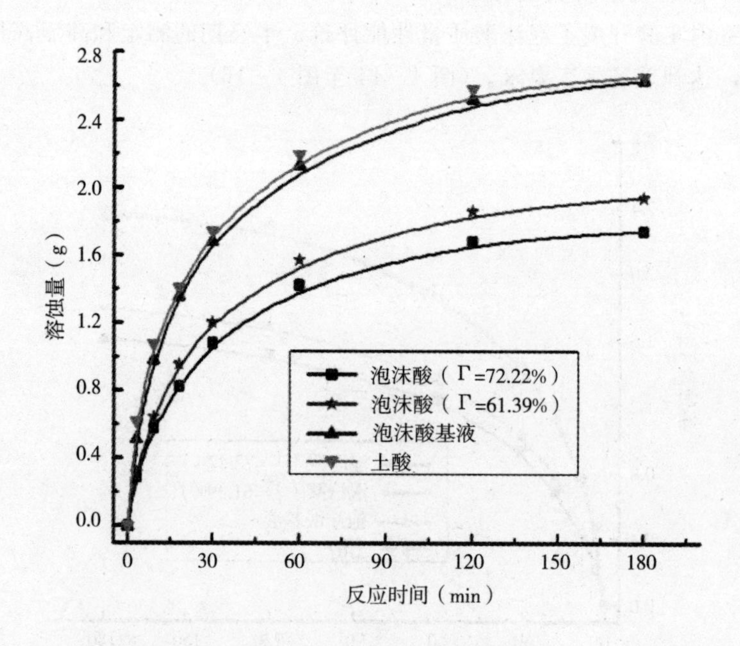

图 4-16　65℃下酸岩反应溶蚀量

考查了不同泡沫特征值的泡沫酸与土酸，在不同温度下的酸液对砂岩矿物的溶蚀反应。实验测试了泡沫特征值为 61.39％和 72.22％的泡沫酸、泡沫酸基液和土酸与石英砂反应的溶蚀量，并测试了实验温度对反应的影响，温度分别为25℃、45℃、65℃。实验过程中由于搅拌器不停地搅拌，泡沫酸能够始终保持发泡状态，有效地避免了气液分离现象，维持了泡沫酸的稳定。

从上文的图中可以看出，酸岩反应开始阶段反应速度较快，溶蚀量增加较快，随着反应的进行，酸浓度逐渐降低，反应速度也随之降低。

相同反应时间下泡沫酸的溶蚀量要低于土酸的溶蚀量，泡沫酸具有良好的缓速酸化作用，而且泡沫特征值越大，酸岩反应速度越慢，溶蚀量越小。

其原因主在有以下两个方面：一是泡沫酸具有很高的表观黏度，约为 6.6～530mPa·s，而土酸的黏度只有 1～3mPa·s，高黏度束缚了泡沫酸中 H^+ 的运动，有利于降低泡沫酸同岩石的反应速度；二是在泡沫酸中 H^+ 的传质过程同土酸中有很大不同，H^+ 存在于泡沫的外相中，即泡沫壁上，H^+ 的传质必须沿着泡沫壁进行，这样就使 H^+ 的扩散路径复杂化，减缓了 H^+ 的传质过程，减慢了泡沫酸的反应过程，达到缓蚀的作用。

另外，泡沫基液的酸岩反应速度与土酸的反应速度基本相同，这说明起泡剂不具有缓蚀作用。但由于泡沫液具有“堵大不堵小、堵水不堵油”的特点，因此对于油井具有均匀解堵的实际效果。

③ 高温防膨剂

根据室内评价，目前用于作业及各种措施工作液防膨的常温黏土防膨剂耐冲刷能力差，不能满足该类油藏完井作业过程中用于射孔、作业入井液的防膨需要。因此，针对水敏性稠油油藏储层伤害的机理，优选评价高效黏土防膨剂，在常温和高温下均可以很好地防止黏土矿物的膨胀，确保储层的渗透性能。

a. 防膨性能评价

由于油层泥质含量不均，根据各井泥质含量的不同，开展防膨技术对于提高热采开发效果十分重要。黏土防膨剂主要通过三个机理起作用：一是中和或减少黏土表面的负电性；二是与黏土表面的羟基作用，使它变成亲油表面；三是通过矿物类型的变换，将蒙脱石转变为不膨胀型的黏土矿物。为适应钻井、完井及作业过程防膨的需要，必须应用低温类防膨剂；为适应热采开发的需要，必须开展高温防膨剂的应用。防膨剂 XFP 具有很好的耐温性，既可用作常温防膨剂，也可用作高温防膨剂。

通过耐温性实验、配伍性实验、静态评价实验、耐酸碱实验，得知 XFP 具有防膨率高、防膨效果持久、配伍性良好且能耐高温、耐酸碱等特点，将防膨剂 XFP 与常用的一些防膨剂在同等条件下进行了比较，进一步考察其性能。根据防膨剂的一般使用浓度，将防膨剂配制成 3%的溶液，考察了常温、高温时的防膨率及耐水洗性能。静态评价实验方法如下：分别称取 3g 钠蒙脱土于 100mL 具塞量筒中，加上述系列溶液至50mL刻度线，摇匀，静置，观察钠土在试管中的体积变化，直至体积不再变化为止。记录最终读数为钠土在防膨剂中的体积，由防膨率计算公式计算防膨率，比较其效果。

表4-9　常温下不同防膨剂的防膨效果对比

防膨剂种类	XFP	STF－1	FP	BY－BA3	CH_3COOK	KCl	NH_4Cl	NaCl	NaOH
体积，mL	5.5	45.5	31.5	12.1	11.7	6.7	11.4	8.5	6.7
防膨率,%	96	32	54.4	85.44	86.08	94.08	86.56	91.2	94.08

表4-10　300℃时不同防膨剂的防膨效果对比

防膨剂种类	XFP	STF－1	FP	BY－BA3	CH_3COOK	KCl	NH_4Cl	NaCl	NaOH
体积，mL	4.5	16.6	10.5	20.0	11.8	11.0	11.6	10.5	12.5
防膨率,%	97.6	78.24	88	72.8	85.92	87.2	86.24	88	84.8

表4-9、4-10所列分别为常温和300℃时不同防膨剂的防膨实验结果，由其可知，防膨率以XFP最高，另外CH_3COOK、KCl、NH_4Cl、NaCl、NaOH常温时也表现出很高的防膨率。STF－1、FP常温时防膨率极低，防膨效果不好。

b. 耐水洗能力评价

实验选取防膨率较高的几种防膨剂进行了耐水洗性能考察，实验结果如图4-17所示。由图可知，XFP经过六次水洗后，防膨率几乎不变，仍然保持95.68%的防膨率，防膨效果最好。NaCl、NaOH尽管初始防膨率较高，但明显不耐水洗，水洗一次防膨率即有明显下降，水洗两次后已低于50%，说明二者只具有暂时的防膨能力，防膨效果不持久。BY－BA3的水洗性能也较差，无机盐类防膨剂KCl、NH_4Cl虽然防膨能力较强，但防膨效果也不够持久且不能防止微粒的分散运移。CH_3COOK的防膨效果相对较好，仅次于XFP而好于其他防膨剂。

通过上述对比分析可以看出，XFP是一种高效防膨体系，在常温下、高温下的防膨率均达到了95%以上，同时具有很强的耐水洗能力，因此选该防膨剂作为作业、油层与处理的添加剂。

④ 降黏剂

稠油密度大、黏度高、流动性差，必须采取物理和化学的方法对稠油进行改质和改性处理，降低其黏度以提高流动性。

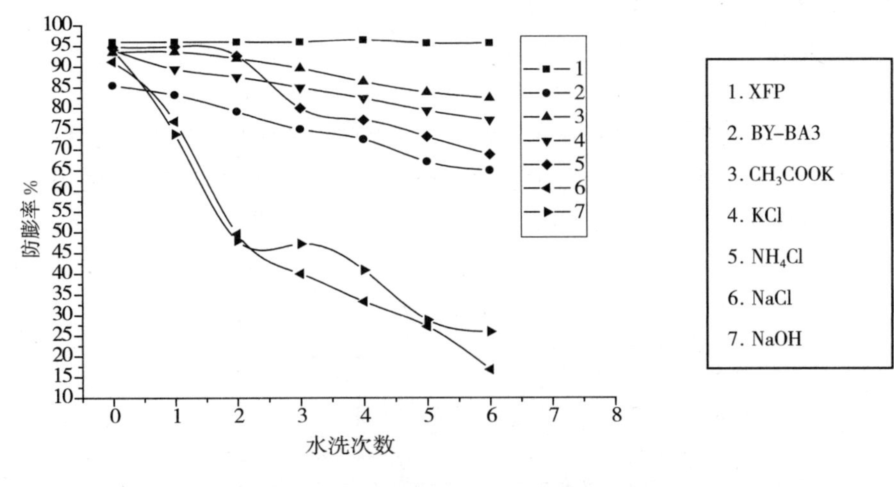

图4-17　不同防膨剂的耐水洗性能比较

目前国内外比较成熟的化学稠油降黏的方法主要有：油溶性降黏剂降黏法和水溶性降黏剂降黏法。油溶性降黏剂其降黏机理是针对胶质、沥青质分子成层次堆叠状态，借助高温或溶剂作用下堆积层隙疏松的特点使溶剂分子渗入胶质或沥青质分子之间起到降低稠油黏度的作用，利用相似相溶的原理以芳香质缩合物和渗透剂组成降黏体系，该体系在油层温度下对胶质、沥青质具有良好的溶解分散性。油溶性降黏剂可以直接用以降黏同时可以避免降黏剂存在的后处理问题。但目前用降黏剂降黏还存在一些不足，其降黏率不是很高，药剂价格高，而且用量大。水溶性降黏剂其降黏原理是利用稠油乳化后形成的O/W型乳状液的原理，大幅度降低稠油黏度。但是稠油降黏剂的抗高温、抗盐、抗矿化度能力有限，对稠油的选择性差，稠油采出破乳困难，需要进一步完善。

室内试验评价：将油溶性降黏剂YR－2以不同用量掺入实验油样，混合均匀后测定不同温度时油样黏度，结果见表4-11所列。可以看出，18℃（油藏温度）时YR－2用量5％时降黏率为75％，可实现有效降黏。

表4-11　YR－2不同温度、不同用量时的降黏结果

温度℃	原始黏度 mPa·s	3％		5％	
		黏度 mPa·s	降黏率％	黏度 mPa·s	降黏率％
18	59867	24350	59.33	14967	75.00
50	1944	1224	37.04	900	54.70
80	244	188	22.95	160	34.43

2. 充填砾石优选技术

采用美国 Carbo 公司生产的高质量、低比重、中强度的 20/40 目的 Corbolite 陶粒作为充填砂，进行防砂。与石英砂相比该陶粒具有良好的抗破碎能力及长期导流能力，能有效提高防砂后的渗流能力，使充填层长期具有较高的渗透性。该陶粒与国产陶粒相比，具有良好的长期导流能力，与石英砂长期导流能力相比，更远大于石英砂的导流能力。（图 4－18）

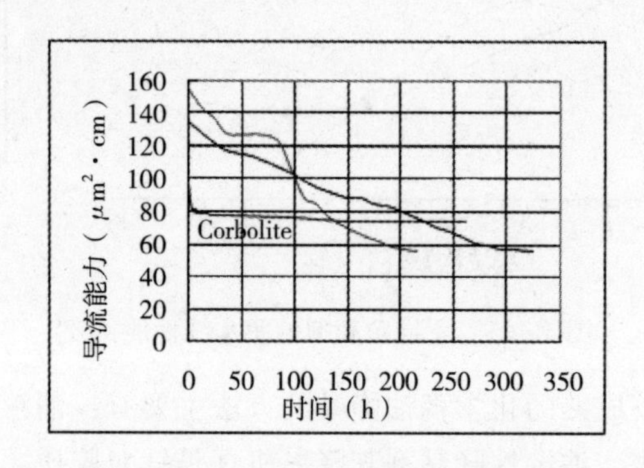

图 4－18　支撑剂长期导流能力

绕丝管防砂施工时，采用陶粒砂充填环空，提高充填层长期导流能力，同时减少热采井注汽时高温蒸气对充填砂的溶蚀，提高防砂有效期。

2004－2016 年实施了 35 口井，主要是针对 Z366 扩边区及油层发育差的井区，防砂后平均单井初期产油量达到 6.6t。

3. 高温涂料砂地层充填封口技术

防砂机理：高温涂料砂是将筛选好的砾石表面涂抹高温树脂晾干后制成。地层砾石挤压充填防砂时，先挤入地层充填砾石，最后挤入高温涂料砂封口收尾，注汽吞吐时，高温蒸汽使高温树脂将充填的砾石与地层砂重新固结在一起，在近井地带形成坚固的人工防砂井壁，起到防砂的作用。

优点：防砂效果好，防砂有效期比高温固砂剂长。

缺点：第一，高温涂料砂表面的高温树脂，易堵塞地层，降低渗透率，增加油流阻力，使油井产量降低。同时，由于渗透率降低，注汽压力升高，容易将防砂井壁挤压坏，造成防砂失败。

第二，高温涂料砂的制作成本高，且对所需的地面设备要求高，所以造成该防砂工艺成本费用高。

随着滨南稠油油藏开发时间的延长，油层胶结物被长期冲刷溶蚀，油层胶结强度变低，加之油藏进入开发中后期，一般都要提高采油速度来实现稳产，采油速度加大致使油层出砂加剧。复合防砂工艺已经难以满足新井投产及老井改造的需要，主要表现为新井产能较低，老井措施后产能较低，在原有防砂技术的基础上，滨南采油厂研究推广了以下五种技术。

4.3.5　拟压裂防砂技术

经调查分析发现，储层物性差、地层能量弱是造成新井、老井低产的主要原因，主要表现在以下两个方面：平均渗透率低，“注不进、采不出”的现象严重；位于边部油井，储层物性差，造成停产井、低效井日益增多。

为了兼顾防砂和增产双重目的，将压裂与砾石充填防砂两者结合在一起实施压裂防砂。原理是通过人工压裂在油层内形成短而宽的高导流裂缝（脱砂压裂），降低流动阻力，从而增加产能，另外在井底形成双线性流模式，降低流体的流速和携砂能力，减缓出砂。裂缝内砾石充填支撑带又具有多级分选过滤功能的人工井壁的作用。这种防砂技术实现了挡砂、滤砂、增加产能的目的。

1. 技术原理

将防砂管柱及充填工具一次下入井内，采用端部脱砂（TSO）压裂技术进行高砂比充填。它通过改变压裂前后流体流动状况，以减小流体流动阻力，减小流体对地层的冲刷及对地层砂的携带，达到控砂增油目的。

2. 适应性分析

① 针对薄层、夹层多的油层：压裂防砂所形成的垂向裂缝可沟通各小层，充分利用蒸汽超覆所引起的重力分异排驱作用，改善热采开发效果。

② 针对渗透率低的油层：压裂防砂所形成的短宽裂缝，能够提高近井地带的渗透率，增强油层吸汽能力，降低注汽压力，从而提高油井产能。

③ 针对黏土含量高的油层：双线性流动模式可降低流体流速，缓解流体对岩石骨架的破坏，减小流体对地层粉细砂的携带，提高支撑剂对地层粉细砂运移的阻挡作用。

3. 工艺优化

① 低前置

无因次裂缝导流能力是双线性流动模式的主要衡量标准之一，其表达式为

$$C_f = K_f b_f / K L_f$$

式中，C_f为无因次裂缝导流能力，K 和 K_f分别为地层渗透率和裂缝渗透率，L_f为裂缝长度，b_f为裂缝宽度。

当地层渗透率 K 一定时，裂缝导流能力 C_f与裂缝宽度 b_f、填砂裂缝渗透率 K_f及裂缝长度 L_f密切相关。只有当 C_f较大时，才会产生双线性流动模式，压裂

防砂的优势才能体现。因此，在疏松地层 K 值很大的前提下，要想获得较大的 C_f，就必须要限制缝长 L_f、提高缝宽 b_f，即形成“短宽裂缝”，才能达到防砂与增产的双重目的。模拟实验表明，要想避免形成过长的裂缝，前置液的用量应小于常规压裂的用量，以保证砂浆前缘能在停泵前到达裂缝周边；通过现场应用摸索，我厂优化后的前置液用量为携砂液量的 10%～15%，比常规压裂降低 35%～40%。

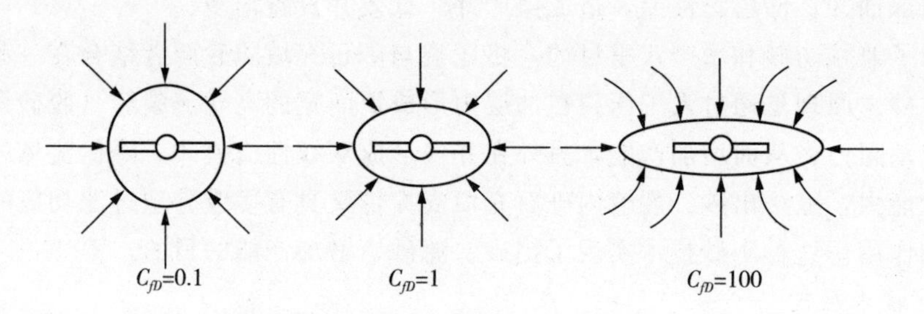

图 4－19 无因次裂缝导流能力对压裂后流动模式的影响

当 $C_{fD}=0.1$ 时，地层内流体基本是径向流；当 $C_{fD}=100$ 时，地层内流体转变为双线性流。（图 4－19）

② 高砂比

理论研究表明，为确保在压裂过程中形成“短宽裂缝”，必须实施端部脱砂压裂工艺，即在水力压裂过程中，先有控制地使支撑剂在裂缝的端部脱出、架桥，形成端部砂堵，来阻止裂缝进一步在缝长方向延伸；再继续注入高砂比混砂液，将沿缝壁形成全面砂堵，缝中储液量增加，泵压增大，促使裂缝膨胀变宽，缝内填砂增大，从而造出多条具有高导流能力的短宽裂缝。因此，为提高裂缝支撑效率，压裂防砂的加砂比应高于常规压裂的加砂比。现场施工中，我厂确定的加砂比最高可达 100%，远高于常规压裂施工的 10%～15%。高砂比不但可减少携砂液用量，减轻入井液伤害，节省施工费用，同时还提高了裂缝的铺砂浓度及裂缝宽度，提升压裂防砂效果。

③ 弱交联

为实现端部脱砂，携砂液体系须既能悬砂又易于脱砂，所以携砂液的黏度既不能太低也不能过高。由于黏度太低时，缝内不能保证悬砂，缝上部分可能会出现无砂区，影响裂缝周边脱砂，还容易导致井筒沉砂；而黏度太高时，滤失变慢，难以适时脱砂，故须严格控制携砂液的黏度以实现端部脱砂压裂。现场应用中，为降低羟丙基瓜胶携砂液对地层的伤害程度，直井施工及水平井在砂比小于 30%时不交联，降低交联比为 0.2%。

④ 支撑剂

依据 Saucier 砾石尺寸计算方法，当砾石与地层砂的粒度中值比介于 5～6 倍时，砾石层的有效渗透率与地层渗透率之比最大，即 $D_{50}=$（5～6）d_{50}。以郑 14 块为例，区块储层为沙一段 3 砂组，粒度中值 0.18～0.35mm，平均 0.26mm，颗粒排列无序，大小混杂，磨圆度为次棱角状，接触关系以点式为主，分选差，分选系数一般 1.5～4.99 之间，平均 2.31，结构成熟度低。据此理论，考虑到砾石分选差，为防止细粉砂镶嵌堵塞充填层，地层充填选用 0.4～0.8mm 的石英砂，环空充填采用 0.6～1.2mm 的陶粒砂。现场应用结果显示，采用这一理论选择的支撑剂类型，既能防止地层砂侵入充填层，又可保持最大的渗透率，对延长防砂有效期、降低注汽压力和获得高产十分有利。

4. 施工泵注程序设计

压裂防砂现场施工时，为控制裂缝延伸速度、增加缝宽和便于脱砂，除了泵注排量应低于常规压裂外，泵注程序通常按以下两个阶段设计：(1) 造缝及尖端脱砂阶段，此阶段可选用常规压裂模型进行施工程序设计，通常选用 240～480kg/m^3（10%～20%）的低砂比携砂液；(2) 裂缝拓宽充填阶段，该阶段以第一阶段结束时的施工参数为初始参数，通过物质平衡计算进行施工程序设计，在此阶段须注入高砂比的携砂液，含砂浓度可达 599～1917kg/m^3（30%～100%），具体过程如图 4-20 所示。加砂结束后，排量降至 0.5m^3/min 左右，进行后续施工。

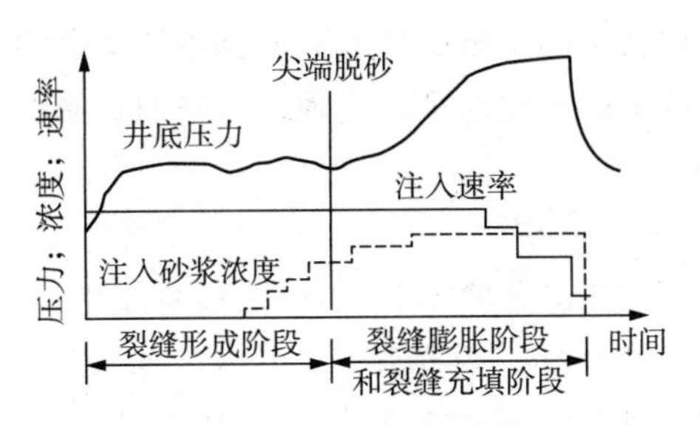

图 4-20　典型的压裂充填防砂泵注程序

5. 管柱优化

由于压裂防砂工序涉及压裂和砾石充填两个过程，因此从施工上可分为两步完成法和一次管柱完成法两种方法。前者是指压裂和砾石充填分两次施工完成；后者是利用砾石充填施工管柱先对地层进行压裂充填，然后再进行筛套环空内的砾石充填，两个过程通过一趟管柱一次施工完成。目前现场应用较多的是两步完成法，但施工中存在着明显的局限性：①压裂后起下管柱或冲砂施工时，极易造成地层激动，引起地层吐砂，影响形成的短宽裂缝；②若压裂液返排不及时，容易造成地层伤害；③施工工序多、周期长，作业成本相对较高。为此，我厂优化采用压裂防砂一体化工艺管柱，较好地解决了分步施工存在的问题，并在现场试验中取得了良好的防砂增产效果。

该管柱的技术特点是：①一趟管柱即可完成压裂充填、环空充填以及两工序间转换等工序，有利于保护端部脱砂所形成的短宽裂缝；②管柱的承压性能高、悬挂能力强，能较好地保护封隔器以上的套管，对套管承压性能要求较低。

具体的工艺过程为：

① 座封丢手。将一体化工艺管柱下入设计位置，然后座封丢手，使内外充填口相对且互相密封，冲管尾部通过挤充转换总成密封，确保施工过程中防砂内外管柱密闭，压裂充填工具座封后形成的油套环空密闭，从而使油管、筛套环空、地层在高压挤压过程中形成一个系统，冲管与油套环空之间形成一个密闭系统。

② 地层压裂充填。按照设计要求的压裂防砂规模和泵注参数，进行地层压裂充填施工。

③ 环空充填施工。待地层压裂充填压力扩散后，通过管柱转换，使油套连通，进行环空砾石充填，结束后起出丢手管柱，施工结束。

压裂防砂技术从 2010 年在单家寺和王庄油田开始应用以来，至今已施工了 25 井次，成功率 96%，平均单井周期产油 985 吨，周期油汽比 0.4，措施累计产油 6.5 万吨。从生产效果上看，经过压裂防砂施工后，日产液量比同区块复合防砂井增加 2 倍以上。该技术的实施成功为低渗稠油油藏提供了一套可靠的防砂增产技术，对提高整个区块的开发水平，实现该区块的提质增效具有重要意义。

6. 应用实例分析

① 典型井例：郑 34－01 井

郑 34－01 井为 2013 年部署的郑 34－01 区块勘探井，目的层为生物白云岩，油层厚度 20m，孔隙度 20.6%，渗透率 $68.9\times10^{-3}\mu m^2$，为实现该井有效开发，设计采用压裂防砂改造工艺，通过软件模拟，优化施工排量 $4.5m^3/min$，加砂 90t，最高砂比 70%，平均加砂强度 4.5t/m，施工压力 17～18.5MPa。

采用亚临界锅炉注汽，前置高温防膨剂 4t、降黏剂 10t，伴注降黏剂 4t，平均注汽压力 18.7MPa、平均干度 67.6%，周期注汽量 2975t，注汽参数达到设计要求。（图 4－21）

2014 年 8 月 24 日开井，峰值液量 54.2t，峰值油量 26.1t，目前第 7 周正生产，日液 32.2t，日油 11.9t，含水 63%，累产油 6866t，平均日油 6.2t，油汽比 0.45，压裂防砂措施取得较好开发效果。（图 4－22）

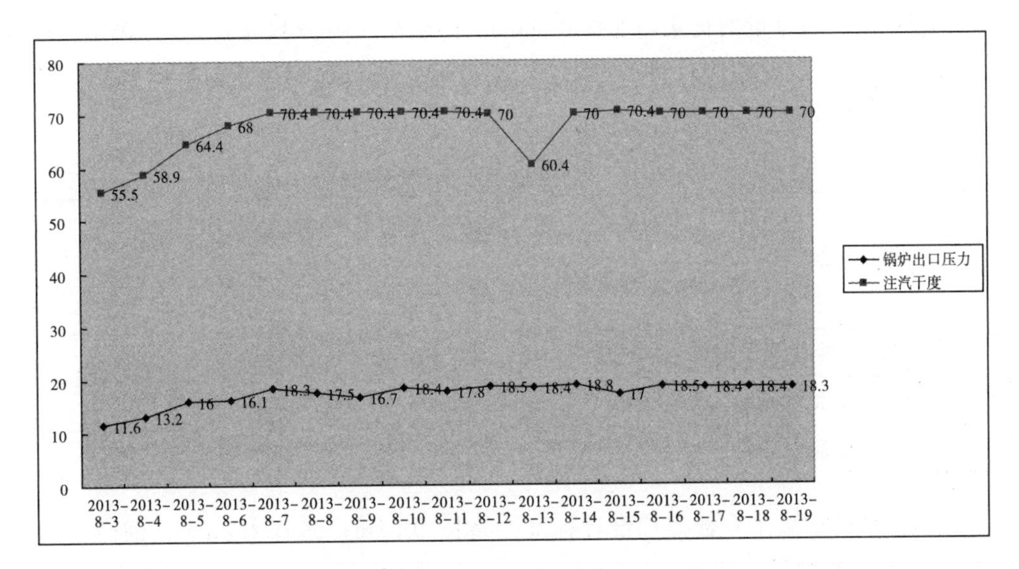

图 4－21　郑 34—01 井注汽压力曲线

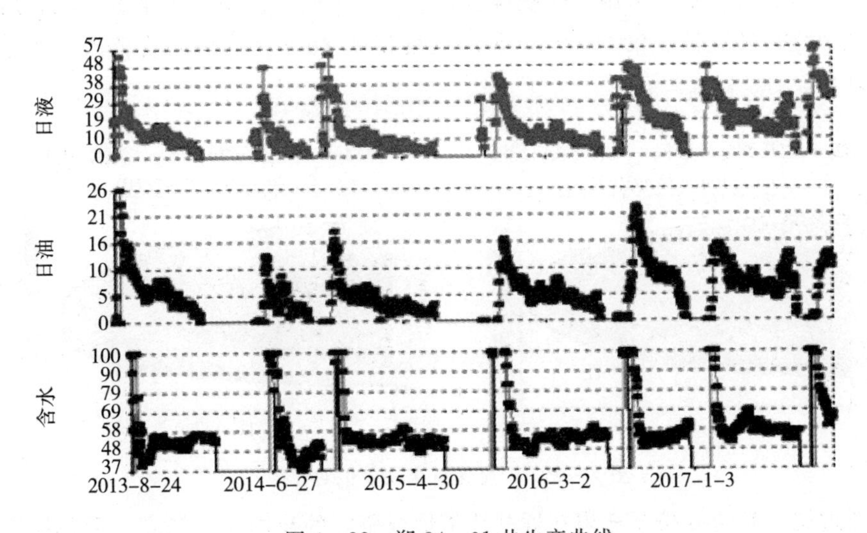

图 4－22　郑 34—01 井生产曲线

② 典型区块

王庄油田区块边部低产低效井开发效果差。有潜力的低产低效井 19 口，由于位于构造边部，油层物性较差：平均孔隙度 22.14%，平均渗透率 $319.6\times10^{-3}\mu m^2$，泥质含量 14.3%。目前平均单井日液 5.9t/d，单井日油 2.6t/d，含水 45.8%，整体生产效果较差。针对这部分井采取了拟压裂防砂工艺进行储层改造。

通过对加砂排量的优化，使加砂量由原来的20～30方提高到50～70方，施工排量由2.3方/分钟提高到4.0～4.5方/分钟，通过模拟压裂防砂增大施工排量、增大加砂量、增加改造半径。

表4－12　拟压裂防砂施工参数模拟表

裂缝参数排量 \ m^3/min	4.5	4.0	4.5	5.0
裂缝长度，m	19.6	20.2	20.7	21.4
平均裂缝宽度，mm	4.1	4.1	4.2	4.3
平均铺砂浓度，kg/m^2	5.1	5.4	5.5	5.9
平均导流能力，md·m	614.3	638.5	689.0	716.8

拟压裂防砂施工参数模拟设计标准：缝长20.7m；缝宽4.2mm；铺砂浓度5.5kg/m^2；裂缝导流能力＞600md·m；施工排量4.5m^3/min，最高砂比70％以上；拟压裂防砂施工采用未交联压裂液，从室内软件模拟情况来看，压裂后未形成主裂缝，裂缝长度仅20.7m，裂缝宽度仅4.2mm。这说明石英砂只在近井地带堆积。（图4－23）

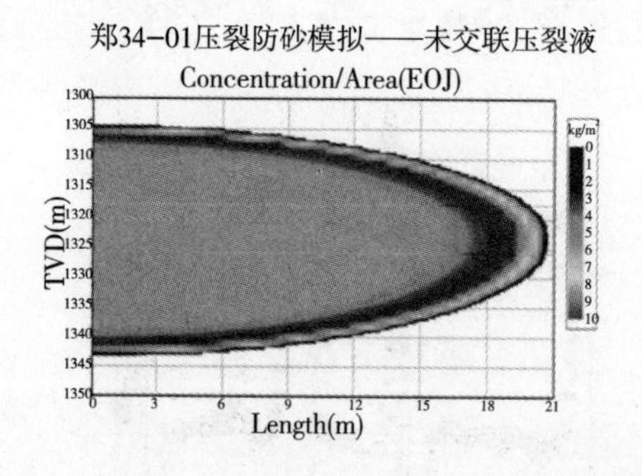

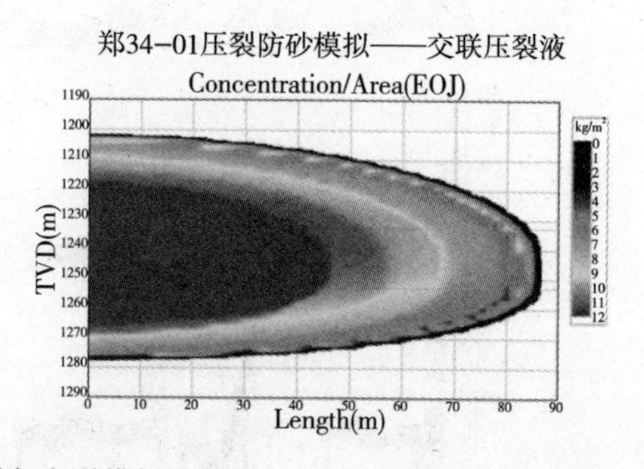

图4－23　未交联与交联模拟对比图

通过拟压裂防砂挤压充填在近井地带形成坚实的充填层，提高了近井地带的渗透率及抗冲蚀强度。2013年该工艺技术在稠油边部低渗区应用了6井次，累计增油7348吨，日均产量11.8t/d，超过了单井7t/d的设计指标，取得了良好的效果。

4.3.6　分层防砂分层注汽技术

滨南采油厂稠油老区蒸汽吞吐过程中多采用笼统注汽开发，通过吸汽剖面监测和剩余油检测结果发现，受各层孔隙度、渗透率、黏度等物性差异及蒸汽超覆

的影响，层间动用不均现象日益严重，油汽比逐年降低、汽窜现象严重，开发效益越来越差。（图 4－24）

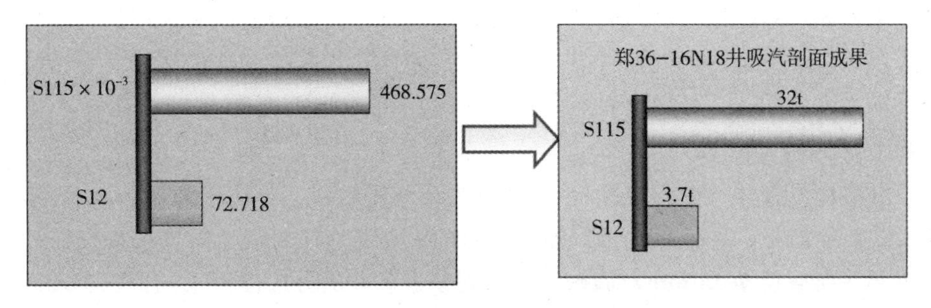

图 4－24　郑 36－16N18 吸汽剖面

采取全井段充填和笼统注汽的方式投产，导致在部分稠油油田层间动用程度不均，油藏得不到最大限度开发。主要原因是由于各油层之间物性差异较大，致使防砂注汽过程中充填砂和注入的蒸汽分布不均，油层物性好的油层充填及注入的充填砂和蒸汽量多，油层物性差的油层充填及注入的充填砂和蒸汽量少，部分油井甚至注不进汽，严重影响了油藏的动用程度，影响了油田的开发效果。滨南采油厂稠油油田存在的纵向动用差异已成为开发中的主要矛盾，为后续蒸汽驱试验的开展和区块采收率的提高带来隐患。

针对层间差异大动用不均的问题采取分层防砂注汽技术，解决因层间矛盾引起的防砂充填、注入蒸汽不均匀的情况，提高油层的动用程度，减少高渗透层热损失，提高原油产量，降低采油成本。该工艺主要通过分层防砂和分层注汽两部分实现。

1. 管柱结构

分层防砂分层注汽管柱主要由防砂管柱和分层注汽管柱组成。（图 4－25）

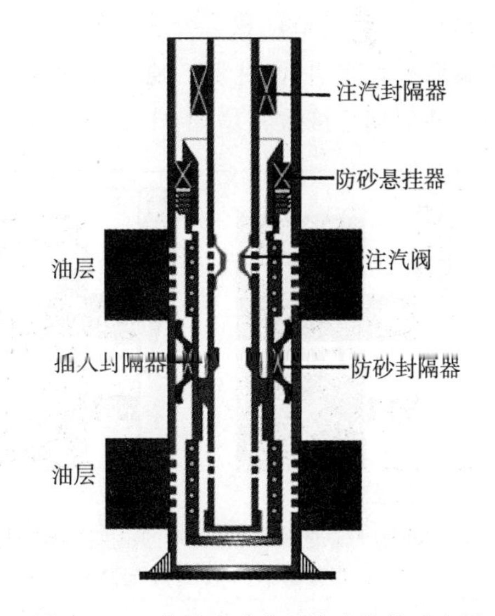

图 4－25　分层防砂分层注汽管柱示意图

防砂管柱（外管装置）：由大通径防砂悬挂器、防砂封隔器和防砂筛管组成。大通径防砂悬挂器具有内通径大（内通径 Φ100mm）和锚定力大的特点，可以满足出砂井分层注汽技术对防砂悬挂器的特殊要求。设计的防砂封隔器可以实现高、低温条件下的分阶段防砂和密封，在解封时可以通过分段将管柱起出的方式避免卡井。在筛管的选择上根据各层出砂的情况、出砂粒径的大小来选配防砂筛管。筛管的过滤单元根据各层出砂情况的不同进行选择，以适应不同出砂粒径对地层的需要，有效地提高生产效果，降低筛管阻力。同时过滤单元具有强度高的特点，更适应多轮次稠油注汽开采。筛管内壁与封隔器相匹配，使注汽部分的管柱插入施工顺利。

分层注汽管柱（内管装置）：包括分层注汽密封器、分注阀和插入式封隔器。插入式封隔器是一种依靠注蒸汽温度座封的封隔器。该封隔器可以实现在防砂管柱内部（内通径 Φ100mm）的密封，从而使出砂井的分层注汽工艺得以实现。当下部油层注汽到量后，投球打开分注阀，实现换层注汽。

2. 技术特点

分层防砂分层注汽技术简单可靠、技术成熟，能够有效改善层间吸汽差异。实施费用低，有效期长，可多轮次实施。在稠油井上实现了防砂与分注的同时应用，提高了油藏的纵向动用程度。设计的分层砾石充填管柱为一体化管柱，性能可靠、施工简便、节省作业成本。其中悬挂器设计为大通径的同时，提高了管柱的密封性和锚定性。分层封隔器采用高温密封方式，保证管柱在注汽条件下的密封。分层注汽管柱同分层砾石充填管柱相互配套的结构保证了整体管柱的稳定性和可操作性。

3. 应用情况

自 2012 年以来，我厂分层防砂分层注汽工艺共 40 井次，取得较好效果。实际措施后平均单井增油 377 吨，注汽量减少 412t，平均单井油汽比增加 0.17，平均单井周期经济效益增加 116.76 万元，投入产出比为 1∶11.6。（图 4－26）

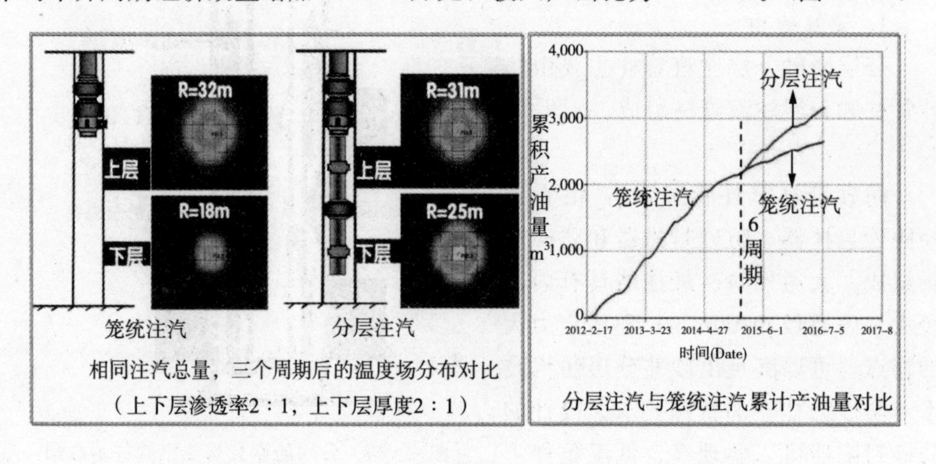

图 4－26 笼统注汽与分层注汽温度场分布与累计产油量对比图

典型井例：郑 36－4X11 井

郑 36－4X11 井位于郑 364 块南部，2014 年投产沙一段一砂组 4、5 小层，共 14.3 米/3 层，前 2 周采用笼统注汽投产，平均周油 595 吨，周期油汽比 0.22，吸汽剖面显示低渗层未吸汽，纵向动用程度低，造成生产效果不理想。该井层间物性差异大，隔层 4.7m，满足分层注汽条件。

2015 年实施分层防砂分层注汽工艺，根据油层参数和临井注汽情况，优化各层注汽量，011、012＃层 1600t，009＃层 926t，总注汽量较措施前减少 216t，投球换层后注汽压力上升 2MPa，分层注汽条件明显。（图 4－27）

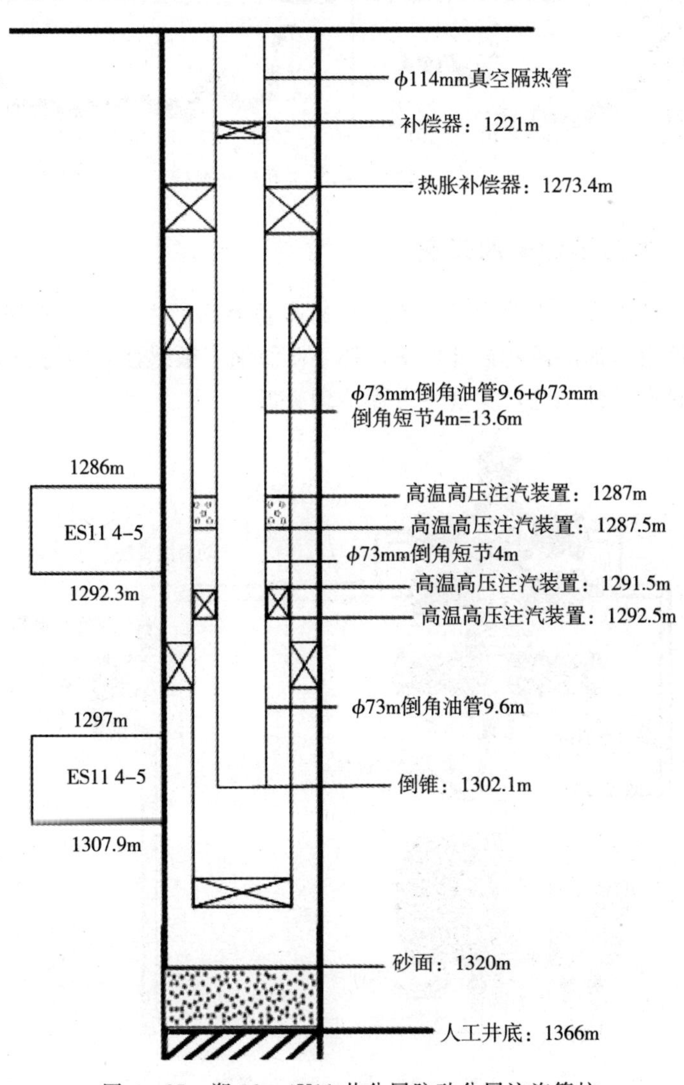

图 4－27　郑 36－4X11 井分层防砂分层注汽管柱

该井2015年2月26日开井，峰值油量达到21.7t，周期产油3063t，周期油汽比1.2，措施经济效益明显。（图4-28）

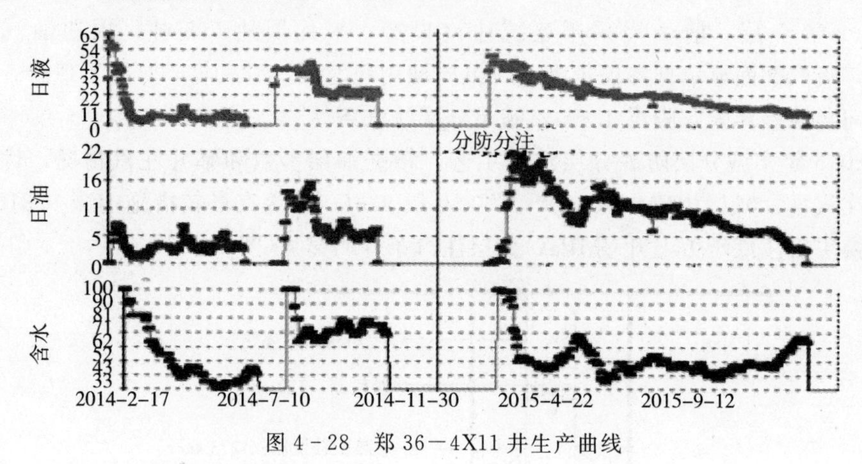

图4-28 郑36－4X11井生产曲线

4.3.7 水力排砂采油工艺

随着王庄油田开发周期增长，生产矛盾日益突出，主要表现在郑41X2细粉砂运移堵塞严重、油层段套损井增多、郑408块油层敏感性较强等方面，通过推广应用水力排砂采油工艺，实现三方面治理突破。

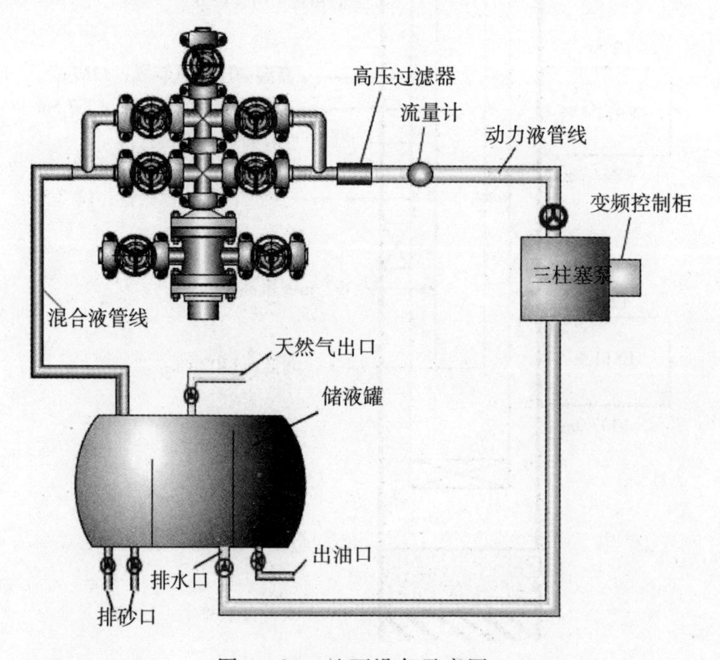

图4-29 地面设备示意图

1. 工作原理

水力排砂采油工艺以高压水为动力液驱动井下排砂采油装置工作，以动力液和产出液之间的能量转换达到排砂采油的目的。动力液通过喷嘴高速喷出，将压能转换为动能，在喷嘴、喉管处形成相对低压，地层液在地层压力下进入低压区。两股液体在喉管中进行混合和能量交换，在喉管末端速度趋于一致。随着动能转化为压力能，增压后的混合液沿动力液和混合液管柱之间的环空到达地面。

主要由地面设备和井下采油装置组成。

地面设备由地面柱塞泵，油气水砂分离罐，流量计，高、低压过滤器，采油井口，变频控制柜等部件组成（图 4－29）。组合方式有单井、井组流程两种。

井下采油装置由水力喷射泵、动力液管柱、混合液管柱、油管锚、筛管等组成。水力喷射泵由工作筒和泵芯组成，工作筒有 110mm，98mm、78mm 三种，套管内径＞85mm 均可适用。当喷射泵工作不正常或需要调参时，无须作业，可通过动力液使用投捞器投捞更换井下泵芯，延长作业免修期。（图 4－30）

2. 工艺特点

① 具有较强的排砂能力，在产出液含砂量小于 10％的条件下能够正常生产，特别适用于郑 41X2 块黏土颗粒、细粉砂和悬浮堵塞物的顺利排出。地层原产液含砂量小于 10％情况下可正常生产，最大排砂粒径达 2mm，在水力排砂泵生产过程中，地层出砂在井筒内的上升速度都大于砂子沉降速度的两倍以上，可实现地层砂顺利排出。

② 高温动力液循环使用，可使混合液黏度大幅度降低，举升过程可不用采取辅助降黏措施，有利于举升。

③ 井下无运动件和防砂管，无管杆偏磨现象，适用于大斜度井和同台井，该工艺对套变无法进行机械防砂的长停井具有较好适用性。

3. 治理对策

① 由“防砂”向“排砂”转变，实现郑 41X2 块细粉砂治理突破。郑 41X2 块 2009 年开发，表现为低采油速度、低采出程度、低油汽比。生产过程中地层细粉砂运移严重，与充填砂互混，堵塞炮眼和近井地带充填层，造成防砂有效期短。储层高岭石和伊蒙混层含量高，黏土颗粒易发生膨胀、运移、镶嵌现象，充填层渗透率不断下降，油井产量递减加剧，无较好的治理措施。通过探索和分析，滨南采油厂提出了用水力排砂采油工艺来解决该区块开发矛盾的思路，由“防砂后生产”向“生产中排砂”转变，充分利用该工艺水力排砂特性，通过高温高压动力液，在产出液含砂量小于 10％的条件下实现携砂生产，既防止运移砂（或泥粉砂）沉降堵塞油井，又提高井下系统温度（平均温度在 60℃以上），降低原油黏度及油水流度比，预计有效延长平均单井生产周期 200 天以上。

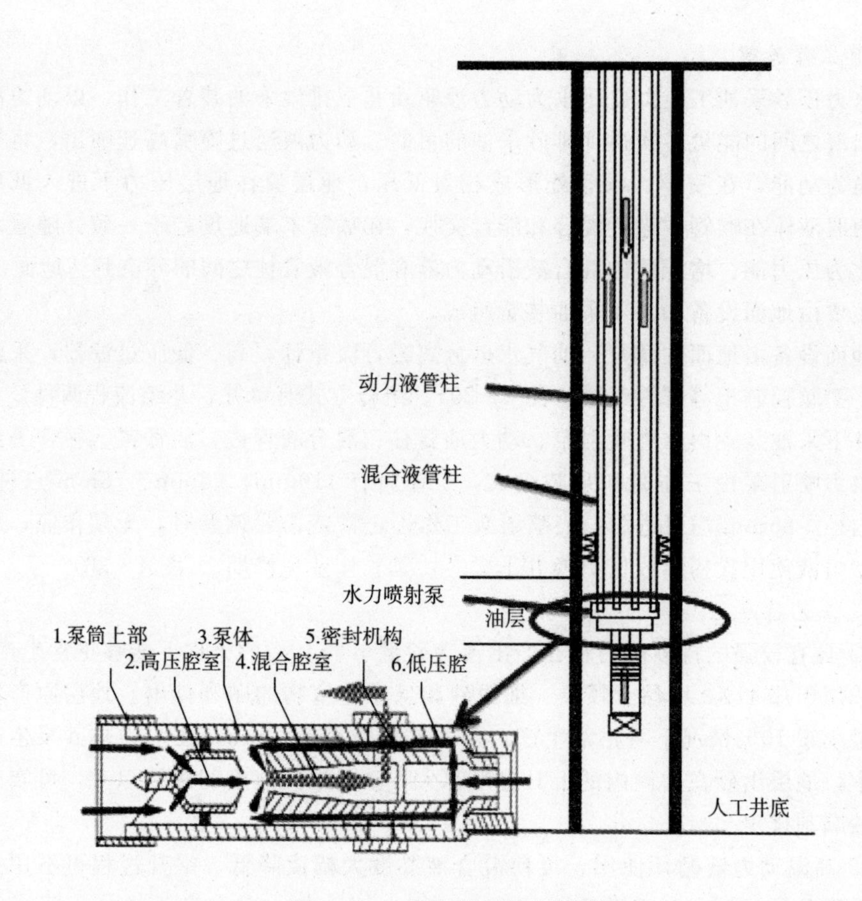

图 4－30　井下采油装置示意图

② 巧用水力排砂采油工艺实现套损井再利用。随着稠油老区开采年数的延长，套损造成的停产井日益增多。常规治理措施更新、侧钻、套管补贴、下小套管，基本能满足套损井治理需求，但其占井周期长、措施费用高而且措施后产能恢复不理想。针对以上矛盾，滨南采油厂创新套损停产井治理思路，由修套后防砂生产向携砂维持生产转变，以排砂代替防砂，采用水力排砂泵维持油井正常生产，将套损井治理由传统的“更新侧钻、修套”高投入措施，向“排砂维持生产”低成本治理转变。由于水力泵尺寸外径较小，一方面能顺利下入套损的油层段正常生产，施工便捷，成功率高；另一方面解决了油井套破后不能正常防砂导致油井细粉砂堵塞不能正常生产的局面，通过“排砂”代替了“防砂”，确保油井的正常生产。

③ 利用水力排砂采油工艺，实现郑 408 块五敏油藏治理突破。郑 408 块受五敏严重、细粉砂运移堵塞、完井方式不合理、钻井污染等因素影响，生产效果

差，为低液低含水单元。先后试验过酸化解堵、二次防砂、蒸汽热采等工艺措施，受储层物性和井况限制，均未取得治理突破。针对区块开发矛盾，以水力排砂采油为主导工艺，对郑 408 块开展综合治理，以较低的工艺措施成本实现效益的最大化，有效盘活了老区存量。

2015 年以来，水力排砂采油工艺在细粉砂治理、套损井再利用和郑 408 块治理三个方面共计实施 22 口井，措施累产油 2.5 万吨，单井平均日液 20.5 吨，日油 4.3 吨，措施阶段经济效益 2500 万元，王庄油田整体开发效果逐渐改善。

4. 应用情况

典型区块：郑 41X2 块位于王庄油田东南部，动用面积 0.45km^2，动用储量 110.6×10^4t。郑 41X2 块生产层为沙一段 1 砂组，储层以高孔、中高渗为主，黏土矿物含量 14.6%，粒度中值 0.1mm。该区块 2009 年开发，井数 15 口，开发经历了 4 个阶段，稳产阶段仅 3 年，生产表现为“三低”：低采油速度、低采出程度、低油汽比。

区块存在的问题有：

① 储层胶结疏松，出砂严重，防砂有效期短。

郑 41X2 块沙一段胶结类型为孔隙式胶结，成熟度低，沉积和成岩作用弱。平均粒度中值 0.1mm，分选系数 1.6，生产过程中地层细粉砂运移严重，与充填砂互混，堵塞炮眼和近井地带充填层，造成防砂有效期短。区块防砂后平均生产周期仅 2 周，受出砂停井影响，平均生产时率仅 65%。

② 周期产能下降快，无较好的治理措施。

区块储层黏土矿物含量达 14.6%，其中伊蒙混层含量 60%～80%，高岭石含量 14%～18%。黏土颗粒易发生运移、镶嵌现象，桥堵作用降低了充填层的渗透率，随着堵塞向井筒推进，油井产量递减加剧。

因此单井生产表现为：防砂后生产效果较好，随着黏土颗粒和细粉砂堵塞充填层，周期产量和油汽比递减较大。地层堵塞后，除重新防砂外，之前无有效的解堵、治理措施。

分析该区块主要开发矛盾为：原油黏度高，地层细粉砂运移严重，防砂难度大，有效期短，周期产量递减快。而传统的地层细粉砂气举返排和充填复合防砂均不能有效解决区块开发难题。

针对郑 41X2 块地层细粉砂运移、堵塞严重的开发矛盾，为提高周期开发效果，滨南采油厂转变治理思路，转“防”为“疏”，由“防砂后生产”向“生产中排砂”转变。

WZ41－2X10 井泥质含量 14.7%，2014 年 2 月复合防砂，受细粉砂运移堵塞影响，防砂后第 2 周产量递减明显。

表 4-13 WZ41-2X10 井油层数据

层位	电测序号	井段顶（m）	井段底（m）	厚度（m）	孔隙度%	渗透率 $10^{-3}\mu m^2$	泥质含量%
S114	011	1360.3	1371.3	11.0	36.65	1057.2	14.65
	012	1374.3	1377.6	4.3	37.25	2004.3	14.8
合计		共 2 层		15.3			

2015 年 9 月采用排砂采油工艺治理，治理后较措施前周期天数延长 116 天，周期油量增加 882t，周期油汽比增加 0.29。（图 4-31）

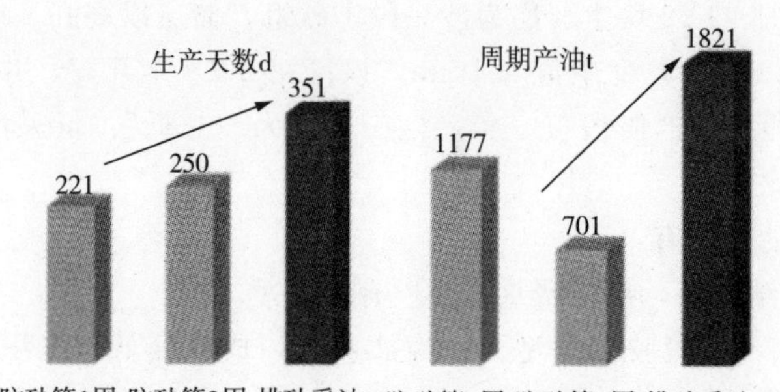

图 4-31 WZ41-2X10 水力排砂采油工艺与复合防砂效果对比

4.3.8 多段塞充填防砂工艺技术

1. 组合方式优化（图 4-32）

第一段塞：以石英砂为主，增大充填半径，降低材料成本。

第二段塞：以耐高温多层覆膜砂体系为主，目的是建立耐高温、高强度的挡砂屏障。

第三段塞：以陶粒为主，充填于筛套环空，便于后期处理。

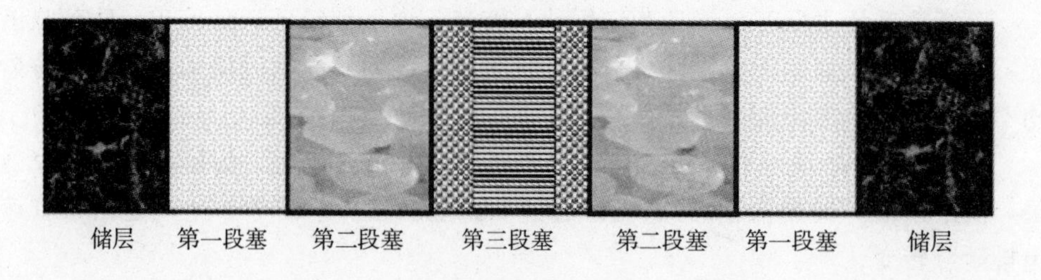

图 4-32 多段塞高饱和充填工艺设计思路

2. 多段塞充填防砂参数优化

以提高近井地带渗透率、充填带强度，减小细砂等微粒侵入挡砂屏障为原则，进行优化。基于沉降时间法，采用多段塞砾石充填施工参数模拟优化软件，软件主界面如图 4－33 所示。

该技术主要针对三段充填段塞的情况进行了模拟计算，第一段塞为常规砾石，第二段塞为低温涂覆砂，第三段塞为常规砾石。

模拟过程中需输入射孔孔眼直径、射孔密度、射孔井段长度、射孔孔眼长度、携砂液密度等，另外需要分别输入不同段塞充填介质的真实密度、阻力系数、平均粒径以及不同时间段的砂比设计等。

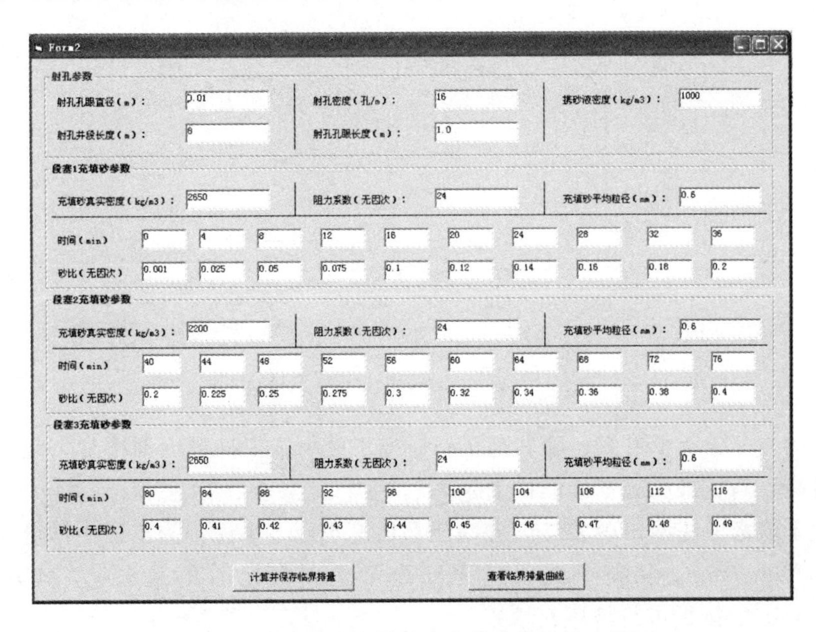

图 4－33　多段塞充填施工参数优化计算主界面

利用本研究开发软件，对滨南王庄油田 WZZ366 井防砂多段塞最小施工排量进行了优化设计，该井油层及射孔状况基础数据见表 4－14 所列。

表 4－14　滨南王庄油田 WZZ366 井油层及射孔状况

层位	电测序号	射孔井段顶，m	射孔井段底，m	厚度 m	孔数	孔隙度％	渗透率 $10^{-3}\mu m^2$	泥质含量％
ES114－5	9	1198	1205.8	7.8	125	26.94	170.96	9.48
	10	1208.8	1214	5.2	81	20.21	69.077	6.51
合计		共 2 层		13				

多段塞防砂施工：

第一段塞为石英砂，粒径为0.425～0.85mm，加砂18t；第二段塞为高温涂料砂，粒径为0.425～0.85mm，加砂10t。总体携砂比控制在10%～50%。

循环充填施工：

循环充填段塞为石英砂，粒径为0.425～0.85mm，加砂2t，携砂比控制在5%～10%。

按照阶梯式变化原则进行高压挤压充填阶段排量设计，利用本软件对高压挤压充填阶段的最小施工排量进行优化，如图4-34所示。

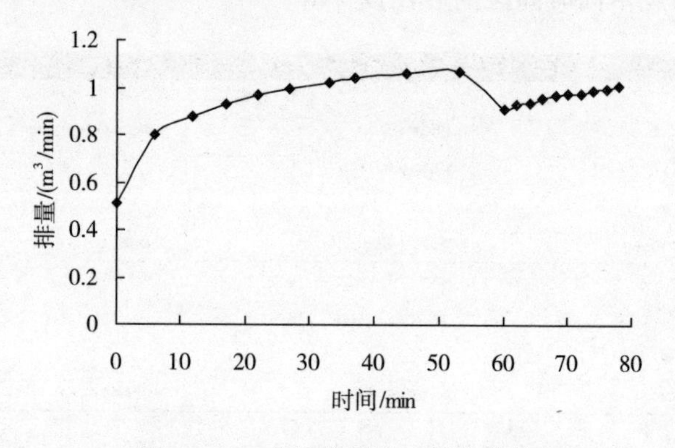

图4-34 高压挤压施工最小排量

由图4-34所示可知：随着高压挤压施工最小施工排量逐渐增加，且充填砂密度越高，高压挤压施工最小排量越高。

对于滨南王庄油田WZZ366井高压挤压充填施工来说，施工最小排量的最大值为1.03m^3/min，从整个施工过程安全及施工方便的角度出发，建议采用1.2m^3/min的排量进行挤压充填施工。

对于循环充填施工，不涉及砾石在炮眼中的沉降问题，主要是环空循环充填的过程，采用较小排量即可，建议采用0.4m^3/min的排量进行施工。

第三段塞：以陶粒为主，充填于筛套环空，便于后期处理。

3. 应用情况

多段塞充填防砂“十二五”以来共计实施56井次，相比常规充填防砂，平均防砂有效期延长185天，平均单井日液增加6.2吨，日油增加1.5吨，措施累计产油27万吨。

典型井例：WZ36－7X9

WZ36－7X9井位于郑364块东部，2004年2月复合防砂投产，受地层出砂严重、产液量大影响，防砂有效期仅3个吞吐周期。

表 4－15　WZ36－7X9 油层数据

层位	电测序号	井段顶（m）	井段底（m）	厚度（m）	孔隙度%	渗透率 $10^{-3}\mu m^2$	泥质含量%
S114	014	1231	1234.9	4.9	35.45	1159.6	4.78
	015	1238	1244.3	5.3	37.07	1497.5	7.83
	016	1246.3	1250.6	4.3	27.45	436.6	6.62
合计		共 3 层		14.5			

为提高防砂效果，延长防砂有效期，2011 年 1 月在该井实施多段塞充填防砂，地层挤压充填 0.425～0.85mm 石英砂 50 吨，充填排量 2.1 方/分，最高砂比 50%，设计 8 吨高温多层覆膜砂地层挤压充填封口，环空充填 2.5 吨陶粒砂。(图 4－35)

该井措施后 2011 年 1 月 16 日开井，峰值日油达 20 吨，防砂有效期内已生产 5 周，措施累产油 17845 吨，平均周期产油 3569 吨，油汽比 1.19，多段塞充填防砂能有效延长防砂有效期。

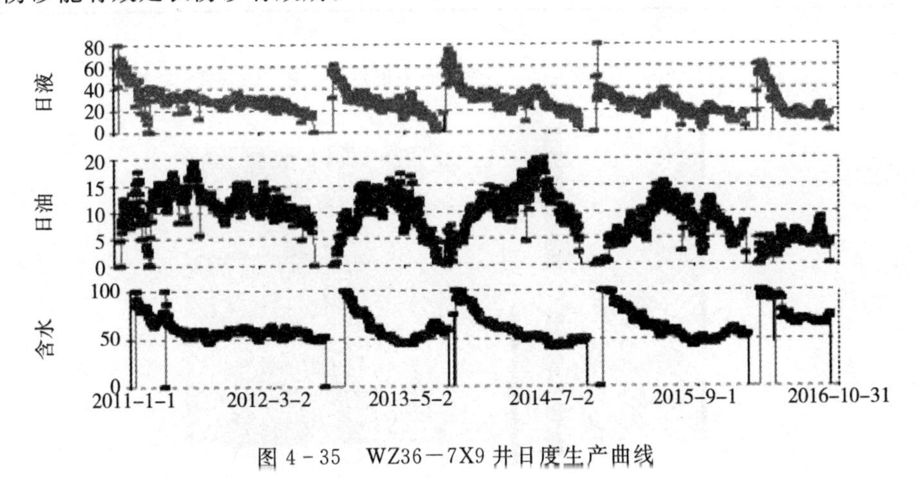

图 4－35　WZ36－7X9 井日度生产曲线

4.3.9　分级密实充填防砂技术

1. 技术原理

砾石充填防砂井经过一段时期生产后，地层细砂会堵塞砾石层，当产量降到一定程度，就必须进行重防作业，以保证油井稳产。重复充填时，套管外砾石层很难被清理，因此重新充填防砂时，与前次充填相比，近井地带将会多出一部分砾砂混合区。而且，随重复充填次数的增多，砾砂混层的厚度也随之增加。

砾石中混入较少量的细砂后，其渗透率会严重下降。这将造成不必要的储层能量损失，从而对单井产能的提高十分不利。另外，随重防次数增多，防砂有效期也将逐渐缩短。

分级充填防砂是在挤压充填、压裂防砂等施工过程中，向地层深部充填小粒径砾石，在近井、炮眼和筛套环空充填大粒径砾石，达到“阻大排小”目的，降低充填层附加压差，提高充填层导流能力和油井产液量。(图 4-36)

表 4-16 单一砾石充填驱替压差和渗透率

砾石规格/mm	渗透率/μm^2	压力/MPa
0.3～0.6	34.77	0.0337
0.425～0.85	51.98	0.0121
0.6～1.18	80.59	0.0085

表 4-17 分级充填驱替压差和渗透率

分级方式	渗透率/μm^2	压差
“0.3～0.6” ＋ “0.425～0.85”	46.71	0.2916
“0.425～0.85” ＋ “0.6～1.18”	64.28	0.0104

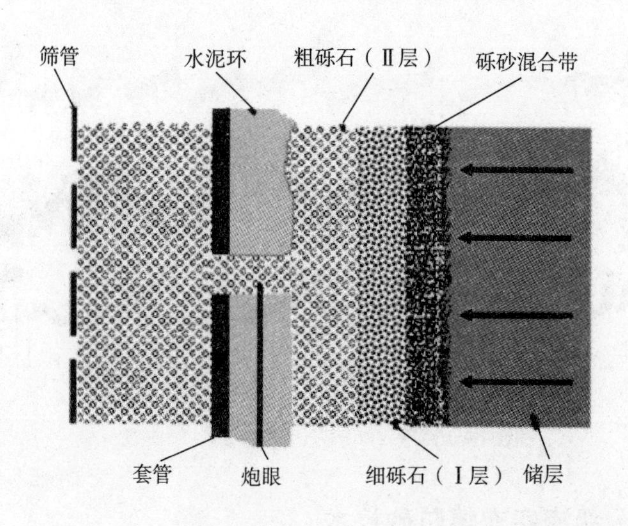

图 4-36 砾石分级充填（变粒径）原理示意图

填砂筒充填 0.425～0.85mm 砾石驱替压差为 0.0121MPa，按 2∶1 充填厚度分级充填 0.425～0.85mm＋0.6～1.18mm 砾石，驱替压差为 0.0104MPa，充填层驱替压差降低了 14.05%，渗透率增加了 24.66%，说明砾石分级充填可实现“高导低阻”的目的。

2. 砾石尺寸选择方法

(1) Ⅰ级砾石尺寸选择方法

对常用工业砾石粒径分布、渗透率和孔喉尺寸的实验研究，0.3～0.6mm、0.425～0.85mm、0.6～1.18mm 石英砂的中值为 0.4565mm、0.5986mm、0.9328mm，所形成砾石层渗透率为 34.77μm^2、51.98μm^2、80.29μm^2，砾石层平均孔喉尺寸为 0.07mm、0.145mm、0.217mm，可阻挡的地层砂最大粒径为 0.035mm、0.050mm、0.075mm。

地层砂与砾石粒径匹配关系实验研究表明，要使采出液中的含砂量小于 0.3‰，产能损失不大于 30%，对均质地层砂：$5.4<D_{50}/d_{50}<6.9$，对非均质地层砂：$4.0<D_{50}/d_{50}<5.8$，如果 D_{50}/d_{50} 大于上限，含砂量就会大于 0.3‰，达不到防砂要求，如果 D_{50}/d_{50} 小于下限，产能损失就会大于 30%，影响油井的产液量。

根据地层砂粒度分布、油井采液强度、含砂量、产能损失，按表 4-18 所列选取砾石尺寸 D_{50} 大小，需要说明的是 D_{50}/d_{50} 的下限为产能损失（30%），上限为最大出砂量（0.3‰），推荐选择 D_{50}/d_{50} 的上限砾石尺寸，减小油井产能损失。

表 4-18　砾石尺寸计算推荐表

含砂量 ‰	采液强度 $m^3/(d \cdot m)$	地层砂粒度分布	
		1≤Su≤2.5，Cu≤3，细粉砂≤2	Su>2.5，Cu>3，细粉砂>2
<0.3	<6.0	$5.4<D_{50}/d_{50}<6.9$（圆整为 6～7）	$4.5<D_{50}/d_{50}<5.8$（圆整为 5～6）
	>6.0	5～6	4～5
<0.5	<6.0	$7.7<D_{50}/d_{50}<8.6$（圆整为 8～9）	$6.6<D_{50}/d_{50}<7.8$（圆整为 7～8）
	>6.0	6～7	5～6

备注：对稠油区块、注聚区块筛管精度参照采液强度大于 6.0$m^3/(d \cdot m)$ 规范进行选择。

(2) Ⅱ级砾石尺寸选择方法

① 根据砂拱原理计算Ⅱ级砾石尺寸

Ⅰ级砾石尺寸确定后，可根据 Abram1/3～2/3 架桥原理进行Ⅱ级砾石尺寸选择，选择原则为确保通过Ⅰ级砾石层的地层砂能够顺利通过Ⅱ级砾石层。

通过Ⅰ级砾石层地层砂粒径：dr<（1/7～1/3）Ⅰ孔

通过Ⅰ层地层砂顺利通过Ⅱ层，则：（1/7～1/3）Ⅰ孔<1/7Ⅱ孔

即：Ⅱ孔>（1～2.33）Ⅰ孔，得到 $D_{Ⅱ50}>(1\sim2.33)D_{Ⅰ50}$

根据以上原理计算得到了常用的地层砂粒度中值对应的Ⅱ级砾石尺寸选择标准。

表 4-19 砂拱原理计算得到的Ⅱ级砾石尺寸表

地层砂中值 d_{50}，mm	Ⅰ级砾石粒径		Ⅱ级砾石粒径	
	Ⅰ级砾石孔喉直径，mm	砾石规格 mm	Ⅱ级砾石孔喉直径，mm	砾石规格 mm
0.05	0.075～0.15	0.25～0.425	0.1748～0.3495	0.425～0.85
0.075	0.1125～0.225	0.3～0.6	0.2621～0.5243	0.6～1.18
0.10	0.15～0.30	0.3～0.6	0.3495～0.699	0.6～1.18
0.125	0.1875～0.375	0.425～0.85	0.4369～0.8738	0.85～1.7
0.15	0.225～0.45	0.425～0.85	0.5243～1.0485	1.0～1.7
0.175	0.2625～0.525	0.6～1.18	0.6116～1.223	1.18～2.36
0.20	0.30～0.60	0.6～1.18	0.699～1.398	1.18～2.36
0.225	0.3375～0.675	0.85～1.18	0.7864～1.573	1.7～4.35
0.25	0.375～0.75	0.85～1.7	0.8738～1.748	1.7～4.35
0.30	0.45～0.90	1.0～1.7	1.049～2.097	1.7～4.35

② 通过实验修正Ⅱ级砾石尺寸

按照小粒径砾石位于填砂管的前部（驱替液入口处）、中等粒径砾石位于填砂管的中部、大粒径砾石位于填砂管尾部（驱替液入口处）的顺序，依次在填砂管中装入不同粒径的充填砾石，然后开动平流泵驱替，并测定驱替时的压力和渗透率。

将第 1 个填砂管（驱替液入口填砂管）填入地层砂样，第 2 个填砂管填入 0.3～0.6mm 的Ⅰ级砾石，第 3 个填砂管填入不同尺寸的Ⅱ级砾石。测试驱替压差、渗透率及出口采出液中的砂粒含量、粒径。(图 4-37)

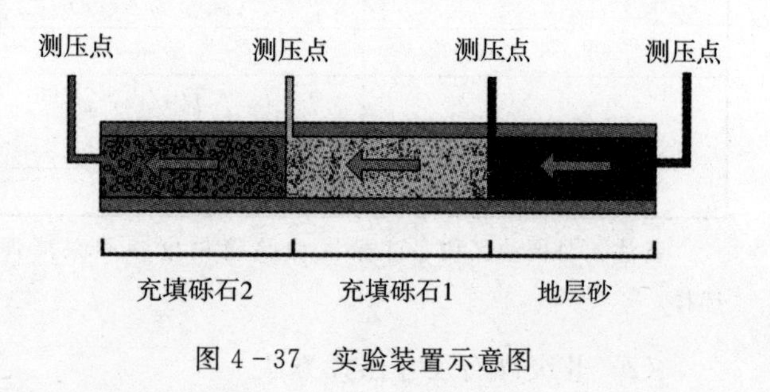

图 4-37 实验装置示意图

表 4-20 加入地层砂改变Ⅱ级砾石尺寸驱替实验数据表

地层砂中值 d_{50}，mm	Ⅰ级砾石 mm	Ⅱ级砾石 mm	Ⅱ级与Ⅰ级砾石中值比 $D_{Ⅱ50}/D_{Ⅰ50}$	渗透率 μm^2	压差 MPa	含砂量 ‰	采出砂最大粒径，mm
0.0908	0.3～0.6	0.425～0.85	1.49	1.039	0.275	0	—
		0.6～1.18	2.07	1.852	0.186	0.034	0.0427
		0.85～1.7	2.88	4.114	0.103	0.058	0.0654
		1.18～2.36	4.14	5.466	0.067	0.087	0.9052

通过实验可以得出Ⅱ级砾石尺寸选择依据：当含砂量小于 0.03‰时，Ⅱ级与Ⅰ级砾石中值比比值为 2.07D，考虑提液需求可以放大比值，所以可以得出 $D_{Ⅱ50}$＝（2～3）$D_{Ⅰ50}$。（图 4－38）

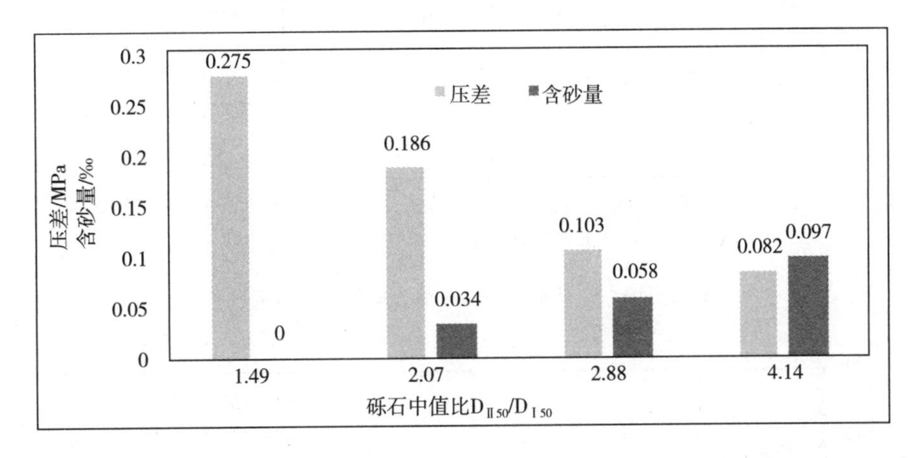

图 4－38　实验结果图表

3. 分级充填砾石充填层厚度选择

采用填砂管、驱替仪、导流仪对石英砂、陶粒在不同采液强度、不同闭合压力下的充填层渗透率、导流能力进行了测试。

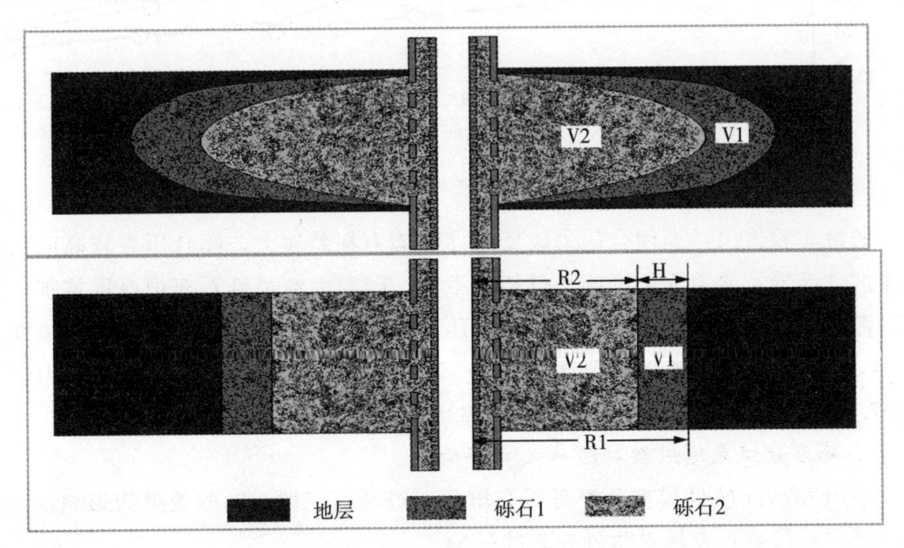

图 4－39　分级充填厚度示意图

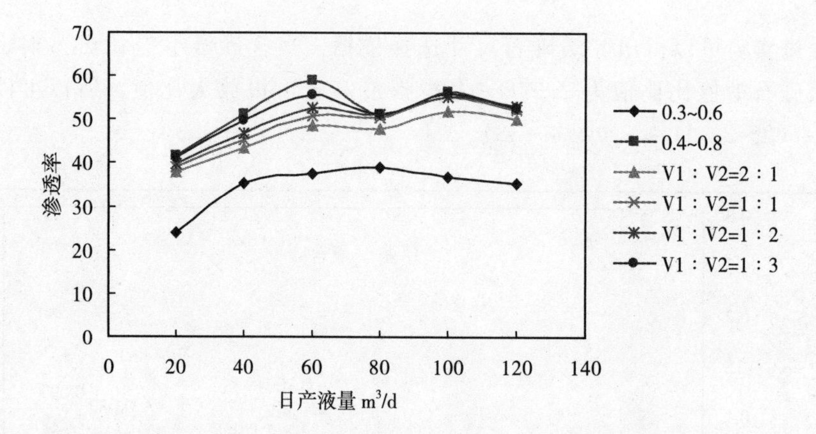

图 4-40　分级充填厚度对渗透率影响（石英砂）

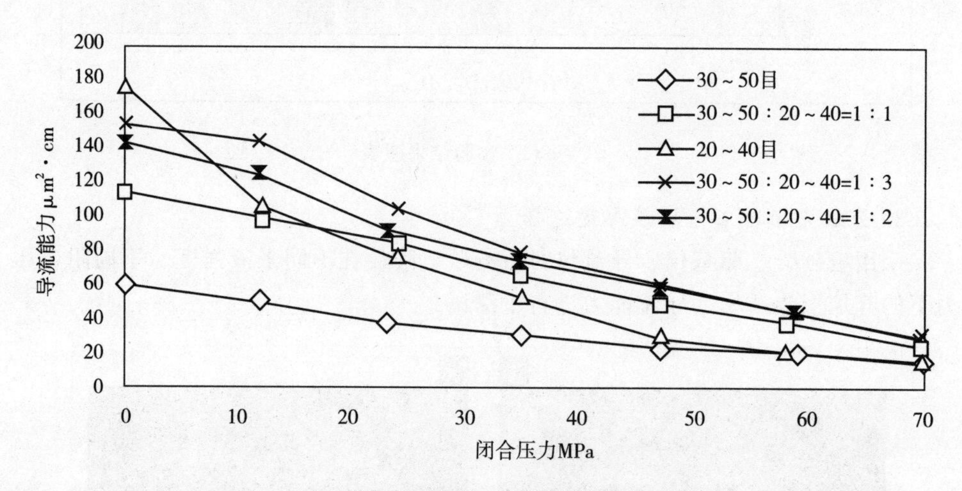

图 4-41　分级充填厚度对导流能力影响（陶粒）

通过实验得出：当闭合压力较低时导流能力相差较大，闭合压力较高时由于支撑剂破碎导流能力大幅度减小且相差不大。随着大粒径砾石充填厚度增加，充填层渗透率和导流能力明显增大。闭合压力 20MPa 时：30～50 目陶粒导流能力为 51.02μm^2·cm，按 30～50 目：20～40 目砂量＝1：1 分级充填导流能力增加到 97.89μm^2·cm。（图 4-39 至图 4-41）

4. *砾石分级充填级数对防砂效果影响*

采用 Meyer 软件模拟两级砾石充填和三级砾石充填对防砂效果的影响。

(1) 两级砾石充填对防砂效果的影响

方案①：0.3～0.6mm、0.425～0.85mm 两级砾石充填模拟

两级砾石充填模拟采用两种粒径（0.3～0.6mm、0.425～0.85mm）的砾

石，携砂液为不交联瓜胶，排量为 1.5m^3/min，0.3～0.6mm 和 0.425～0.85mm 的砾石用量为 1∶1，总量 6m^3，最高砂比 20%，计算地层的导流能力情况。

表 4-21　两级砾石充填地层导流能力

方案	粒径（mm）	导流能力（md·m）
①	0.3～0.6	214.89
②	0.425～0.85	332.26
③	“0.3～0.6”＋“0.425～0.85”	302.27

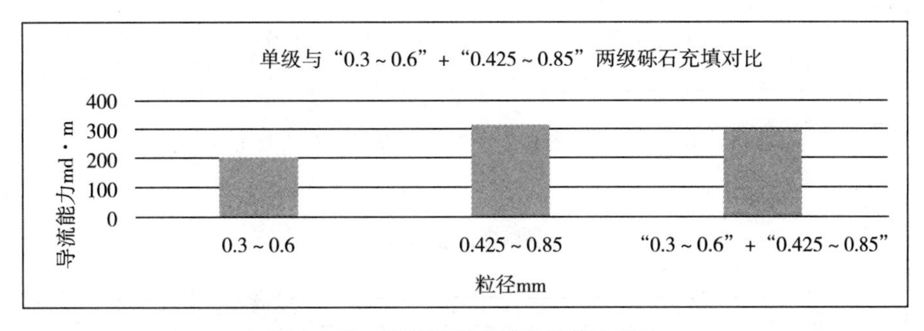

图 4-42　两级砾石充填导流能力对比

“0.3～0.6”＋“0.425～0.85”两级砾石充填相比 0.3～0.6mm 单级砾石充填，导流能力提高了 40.6%，相比 0.425～0.85mm 单级砾石充填，地层导流能力下降了 9%。（图 4-42）

方案②：0.425～0.85mm、0.6～1.18mm 两级砾石充填模拟

模拟采用两种粒径（0.425～0.85mm、0.6～1.18mm）的砾石，携砂液为不交联瓜胶，排量为 1.5m^3/min，0.425～0.85mm 和 0.6～1.18mm 的砾石用量为 1∶1，总量 6m^3，最高砂比 20%，计算地层的导流能力情况。

表 4-22　两级砾石充填对防砂效果影响

方案	粒径 mm	导流能力 md·m
①	0.425～0.85	332.26
②	0.6～1.18	828.07
③	“0.3～0.6”＋“0.425～0.85”	302.27
④	“0.425～0.85”＋“0.6～1.18”	690.95

“0.425～0.85” ＋ “0.6～1.18” 两级砾石充填导流能力是 0.425～0.85mm 单级砾石充填导流能力的两倍，相比 0.6～1.18mm 单级砾石充填导流能力降低了 16.5%，相比 “0.3～0.6” ＋ “0.425～0.85” 两级砾石充填导流能力提高了 1.28 倍。（图 4-43、图 4-44）

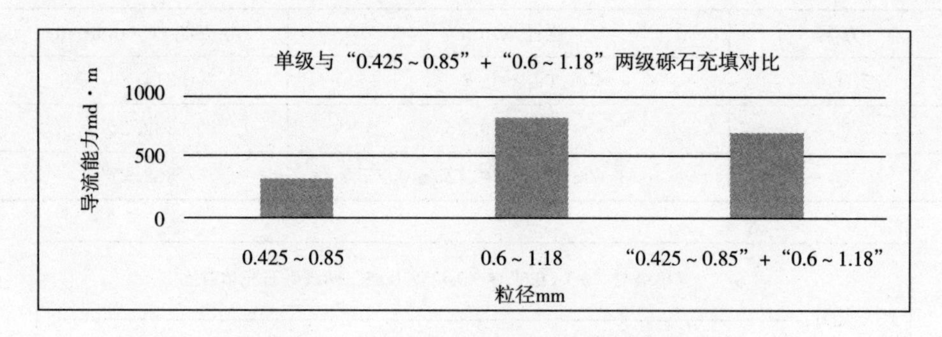

图 4-43 单级砾石充填与两级砾石充填对比

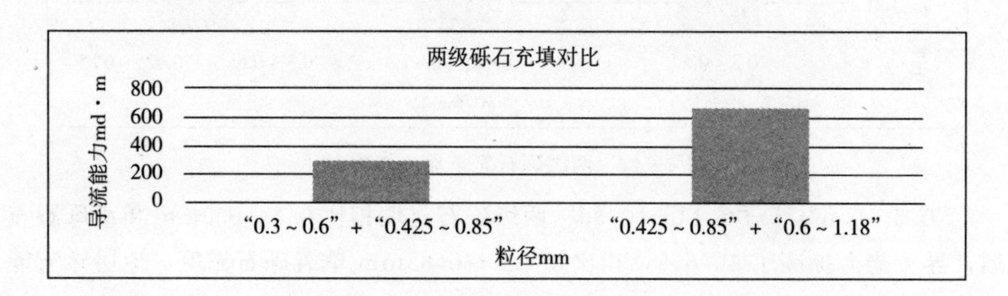

图 4-44 两级砾石充填导流能力对比

（2）三级砾石充填对防砂效果的影响

三种粒径（0.3～0.6mm、0.425～0.85mm、0.6～1.18mm）的砾石用量为 1∶1∶1，携砂液，总量 6m^3，最高砂比 20%，排量 1.5m^3/min，计算三级砾石充填后地层的导流能力。

表 4-23 三级砾石充填对防砂效果的影响

方案	粒径 mm	导流能力 md · m
①	“0.3～0.6” ＋ “0.425～0.85”	302.27
②	“0.425～0.85” ＋ “0.6～1.18”	690.95
③	“0.3～0.6” ＋ “0.425～0.85” ＋ “0.6～1.18”	601.99

“0.3～0.6” ＋ “0.425～0.85” 两级充填和 “0.3～0.6” ＋ “0.425～0.85”

+“0.6～1.18”三级充填模式相比导流能力后者是前者的两倍，故在井筒近端填入大粒径的砾石对地层的导流能力影响较大。从“0.425～0.85”+“0.6～1.18”、“0.3～0.6”+“0.425～0.85”+“0.6～1.18”两组模拟结果来看，三级充填地层导流能力下降不大，下降幅度为 12.8%。(图 4-45)

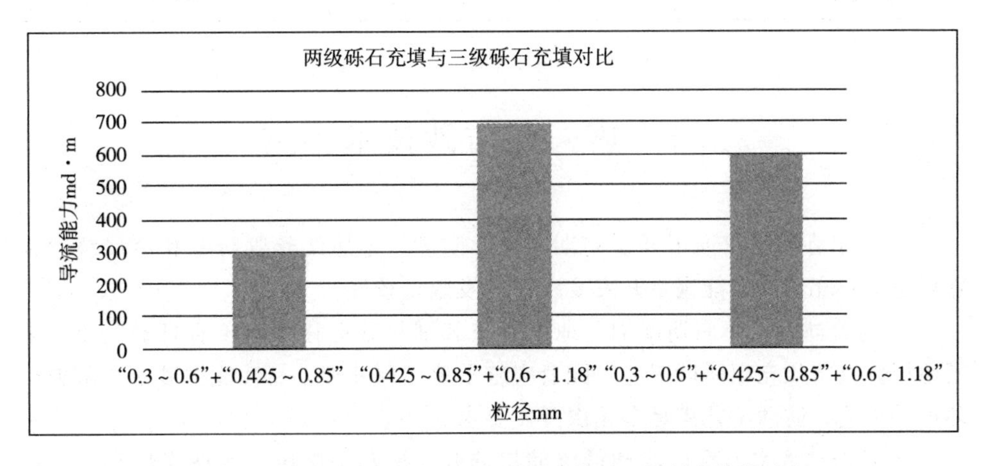

图 4-45　两级砾石充填与三级砾石充填时地层导流能力对比

5. *砾石分级充填级序对防砂效果影响*

为了研究级序对挡砂效果的影响，设计如下两组方案，两组模拟砾石都为两级。顺序实验，先填 0.425～0.85mm 砾石，后填 0.6～1.18mm 砾石；逆序实验，先填 0.6～1.18mm 的砾石，后填 0.425～0.85mm 砾石，分别计算地层导流能力。

通过模拟可以看出，正级序砾石充填时地层的导流能力为 690.95md·m，逆级序充填时地层导流能力下降了 32.8%，故正级序砾石充填时可以大大提高地层渗透率，降低井筒的附加压差。(图 4-46)

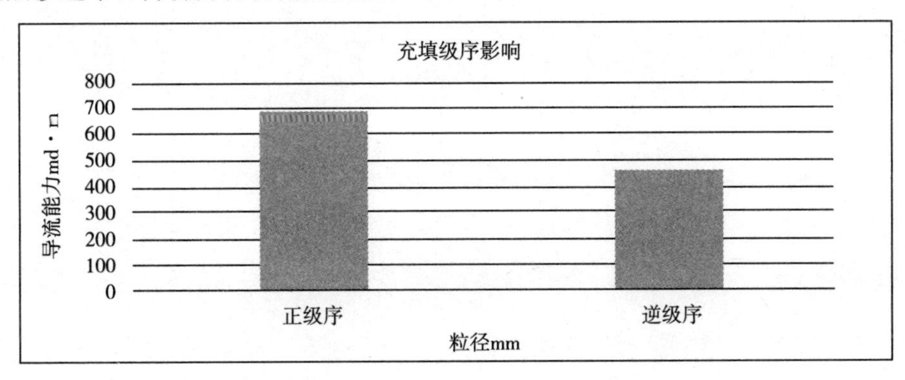

图 4-46　分级充填级序对防砂效果的影响

表 4-24 分级砾石充填级序对防砂效果影响

方案	粒径 mm	导流能力 md·m
正级序	“0.425～0.85” ＋ “0.6～1.18”	690.95
逆级序	“0.6～1.18” ＋ “0.425～0.85”	464.75

4.4 热采井防砂技术小结

1. 单家寺和王庄油田开发初期，化学防砂、金属绕丝管防砂和金属绕丝筛管环空砾石充填防砂能满足开发要求，开发效果较好。

2. 随着油井吞吐周期增加，地层亏空和细粉砂运移堵塞矛盾日益突出，采用地层砾石挤压充填防砂工艺，配套实施了地层预处理、高性能携砂液、陶粒砂环填等工艺，防砂工艺满足多轮次开发要求。

3. 针对边底水发育区块和低渗储层油井，配套了高压一次性充填和压裂防砂工艺，从投产效果看，压裂防砂能有效降低注汽压力，提高开发效果。

4. 地层砾石挤压充填配套高温涂料砂封口工艺，能减缓井筒及近井地带充填砂随蒸汽吞吐运移，降低地层细粉砂运移堵塞影响，增加油井稳产高产时间，有效延长稠油井防砂周期。

5. 分层防砂分层注汽工艺能有效提高稠油油藏纵向动用率，措施费用低，分层效果好，现场应用情况较好。

6. 通过水力排砂采油工艺在王庄油田的应用，该工艺在细粉砂治理、油层段套损井再利用和敏感油藏开发方面具有较好效果，推广潜力大。

第 5 章　水平井防砂工艺技术

5.1　滨南油区水平井开发概况

5.1.1　水平井开发现状

水平井开采技术具有增加油气井的泄油面积、延缓底水锥进、提高油气井产量和采收率、增加可采储量、开发薄层、难动油藏等优点，已成为老油田调整挖潜提高采收率、新油田实现少井开发的一项重要技术。2009 年以来，滨南采油厂加大了水平井开发应用力度，新钻油井中，水平井的比例达到了 50.9%；而薄层及超稠油出砂油藏全部采用水平井开发。截至 2017 年底，滨南采油厂在单家寺油田、尚林油田、王庄油田等出砂油藏共投产水平井 341 口，累产油 265.74 万吨，取得了较好的开发效果。

5.1.2　水平井开发发展历程

滨南采油厂水平井完井方式主要分为套管射孔防砂完井和裸眼筛管先期防砂完井，其中套管射孔防砂完井技术主要包括管内悬挂滤砂筛管技术、全井段管内底部逆向充填技术，多次射孔、多次充填技术（多趟管柱），分段充填技术（一趟管柱）；裸眼筛管先期防砂完井技术包括全井段底部逆向充填技术，筛管外分段完井、分段充填技术。目前，滨南采油厂投产的 341 口水平井中，射孔完井 32 口，裸眼筛管完井 309 口；实施充填改造 169 口，占投产水平井的 49.5%。

在稠油开发早期，由于工艺水平的限制，水平井防砂工艺都采用悬挂滤砂管防砂工艺。1994 年 3 月，热采水平井悬挂滤砂管防砂工艺首先应用于“单 2－平 1 井”防砂作业，获得成功。防砂管柱由悬挂封隔器、隔热管（光管）、扶正器、预充填双层筛管和丝堵等构成，适用于 7in 套管完井的水平井，悬挂封隔器采用液压方式完成座封、丢手工序，其位置在井斜≤30℃的直井段内。

随后对水平井防砂工艺进行了系统深入的改进与配套，并有所创新，构成了较为完善的悬挂式和平置式两大系列水平井防砂管柱及施工工艺，进一步扩大了水平井防砂的应用范围。1994—2007 年陆续在单家寺油田、滨南油田、尚店油田、平方王油田实施悬挂滤砂管防砂工艺 20 余井次。

2008 年以来，滨南采油厂开始实施大规模水平井开发薄层、稠油油藏，主要以裸眼筛管先期防砂，顶部注水泥完井，初期基本都配套泡沫酸洗技术投产，在单 6 块、单 113 块、林中 9 块等区块实施 100 余井次。

随着部分低渗及细粉砂储层的投入开发，单一的泡沫酸洗技术逐渐暴露出酸洗不彻底、不能有效改造地层等矛盾，已不能满足开发的需要，为此，从 2009 年下半年开始，除离水层较近的水平井，全部实现地层底部逆向挤压充填改造，取代了单一的酸洗解堵工艺，通过大排量、高砂比充填，在筛管周围形成高渗透性的挡砂屏障，同时起到改造地层、提高近井地带渗透率以及抑制地层细粉砂运移堵塞的作用，有效改善了防砂效果。在滨 511 块、单 83—014 块、单 2S1、尚 12—41 等区块共实施该工艺 200 余井次。

2013 年以来，低渗、薄层、超稠油等难动储量逐渐开始动用，开发难度逐渐加大，尤其是林中 9 孔店组穿层水平井的投产，单 56 馆陶低渗、超稠油区块的动用，水平井底部挤压充填工艺已不能满足水平井开发投产的需要，加大油层改造，降低注汽压力，改善开发效果已成为水平井开发面临的主要问题。为此，开展了水平井分段完井、分段充填工艺的研究及现场应用，主要包括套管内分段充填技术（一趟管柱）技术，应用在穿层水平井 10 余井次；筛管外分段完井、分段充填技术，应用在低渗、超稠油区块 8 井次，有效改善了以上区块的开发效果。

5.2　射孔完井水平井防砂工艺技术

套管射孔完井，可以选择性的射开油层，避免层间干扰，还可避开夹层水、底水和气顶，避开夹层的坍塌，具备实施分层注采和选择性油层改造的条件。因此针对常规出砂、边底水活跃、层间矛盾突出的油藏，多采用套管射孔防砂完井，主要有套管内悬挂滤砂筛管技术、全井段管内底部逆向充填技术、多次射孔、多次充填技术（多趟管柱）、分段充填技术（一趟管柱）等防砂工艺。

5.2.1　水平井管内悬挂滤砂管技术

水平井管内悬挂滤砂筛管技术包括两种管柱：悬挂式滤砂管防砂管柱和平置式滤砂管防砂管柱。其中悬挂式滤砂管防砂管柱中封隔器座封位置一般在井斜≤

30°的直井段；平置式滤砂管防砂管柱中封隔器可在水平段任意位置座封、丢手。

1. 工艺特点

① 抗压强度高，渗透率好，流通面积大。

② 可根据油层的地质结构特点而制造不同渗流能力的滤砂管，得到最佳防砂效果。

③ 施工工序简单，采用一次性管柱，作业周期短。

2. 管柱结构

悬挂式滤砂管柱：主要由悬挂封隔器、扶正器、滤砂管、丝堵等组成。悬挂封隔器采用液压方式操作，一次投球，分级憋压，完成悬挂、座封、丢手工序。(图5－1)

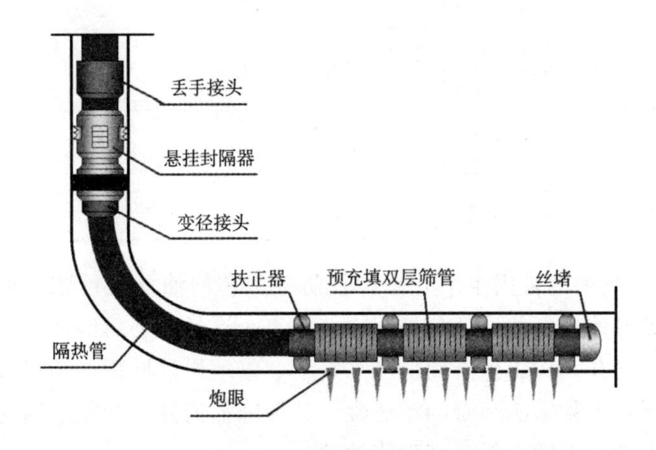

图5－1 悬挂式滤砂管防砂管柱

平置式滤砂管柱：主要由水平井封隔器、扶正器、滤砂管、丝堵等组成。封隔器采用液压方式操作，一次投球，分级憋压，完成悬挂、座封、丢手工序。(图5－2)

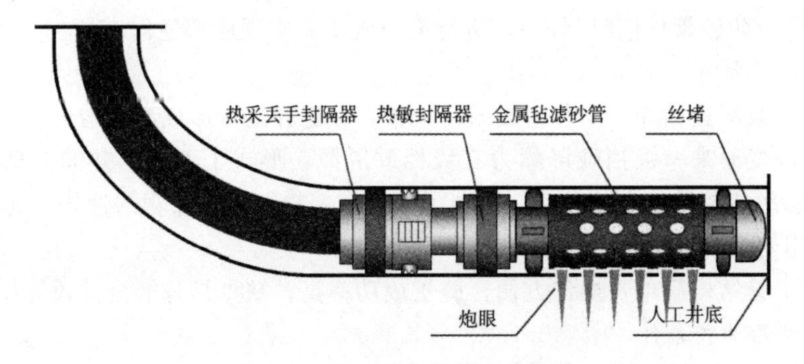

图5－2 平置式滤砂管防砂管柱

3. 适用油井条件

油层离水体近或水淹严重区域不适宜采取充填防砂水平井。

4. 应用效果

表 5-1　水平井管内滤砂管防砂井生产情况统计

	井号	完井日期	投产方式	生产层位	是否开井	日液/m^3	日油/t	综合含水/%	累积产油量/t	累积产水量/t
1	SJSH10P2	2008.10.16	射孔、挂滤	Ng1	停井				1.4174	3.696
2	SJSH2P3	2010.12.26	射孔、挂滤	ES34		73	1.9	97.4	0.2598	4.7752
3	SJSH2P4	2010.12.29	射孔、挂滤、HDCS	ES3－5	停井				0.0513	0.7219
4	SJSH2P53	2014.9.26	射孔、挂滤、HDCS	ES3	停井				0.3434	2.5367
5	SJSH2P57	2014.12.21	射孔、挂滤、HDCS	ES34	停井				0.0013	0.0051
6	SJSH6P1	2008.2.10	射孔、挂滤	NG	停井				0.5489	3.0356

从表 5-1 所列的采用水平井滤砂管防砂工艺的油井统计数据可以看出，目前单纯挂滤砂管的水平井大部分处于停产状态。这是由于出砂油藏水平井，尤其是常规稠油水平井，随着生产周期增加，粉、细地层砂堆积在筛管周围，甚至嵌入筛管过滤网，严重影响筛管的渗透性，从而降低油井的产能。因此该项技术具有一定的局限性，不适应粉、细砂岩油藏。

5.2.2　全井段管内逆向充填技术

该技术首先对套管射孔，然后下入防砂管柱，底部带管内底部充填装置，丢手后将防砂管柱留井；再下入内充填管柱密封插管打开底部充填服务器（或将内充填管柱与防砂管柱同时下入），进行充填施工，实现底部逆向充填。

1. 工艺特点

① 有效穿透钻井、固井造成的污染带，在近井地带形成高渗透的人工砂墙。

② 改变原来一级挡砂屏障为三级挡砂屏障，形成了地层、井筒、精密滤砂管三个层次的连续稳定的砂墙，减弱了流体携带粉细砂对筛管的冲击，延长了筛管的使用寿命。

③ 工具结构简单，操作方便，施工成功率高；缺点是只能全井段笼统充填。

2. 适用油井条件

水平井套管射孔完井；油层渗透率低、物性差；油层离水层较远；也可用于筛管完井、筛管堵塞后射孔解堵重新防砂。

3. 管柱结构

外管柱：自下而上为充填服务器＋Φ108mm 不锈钢精密防砂管（每 6 米带扶正器 1 个）＋Φ89mm 油管组合＋水平井悬挂封＋Φ89mm 油管串至井口。（图 5－3）

内管柱：密封插头＋Φ60mm 油管。

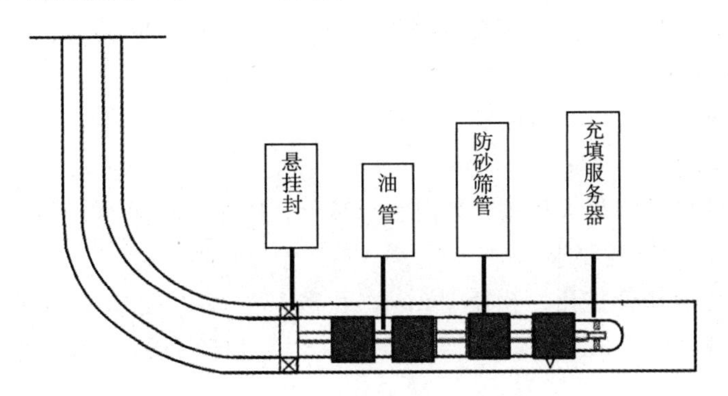

图 5－3　笼统挤压充填防砂管柱结构示意图

4. 防砂器材参数优化及筛选

（1）石英砂选择

目前常用的砾石尺寸计算方法为 Saucier 方法。Saucier 通过实验证实当砾石与地层砂的粒度中值比介于 5～6 倍时，砾石层的有效渗透率与地层渗透率之比最大。因此，Saucier 建议采用工业砾石的粒度中值为防砂井地层砂粒度中值的 5～6 倍，即 D_{50}＝（5～6）d_{50}。提高近井地带的渗透率，提高油井产能。

（2）滤砂管参数设计

精密复合滤砂管主要由中心基管、不锈钢网过滤层、外保护管组成，基管为标准油管或套管，具有通用性，除基管外，均采用优质不锈钢材料，耐腐蚀性能好。防砂过滤层为不锈钢网组成的微孔复合过滤材料（或不锈钢纤维毡层），采用特种焊接工艺，全焊接结构，整体强度高。

① 基管：Φ89mm×6.5mm×N80

② 挡砂精度选择

表 5－2　过滤精度优选表

防砂介质	WF 60	WF 80	WF 100	WF 120	WF 160	WF 200	WF 250	WF 300	WF 350
过滤精度（μm）	60	80	100	120	160	200	250	300	350
备注	过滤精度可根据地层砂粒度组成或采油厂要求确定（60～350μm 任意）								

确定原则，即地层砂粒度中值 Md：分选系数 $Sd=D_{25}/D_{75}$。

1≤Sd≤2.5，分选性好，过滤精度 D=80%Md；

2.5≤Sd≤4.5，分选性中等，过滤精度 D=70%Md；

4.5≤Sd，分选性差，过滤精度 D=60%Md。

根据相应区块的粒度中值计算过滤精度，遵循适度防砂理念，提高筛管挡砂精度，允许细砂排出，减少细粉砂堵塞。

③ 滤砂管规格

滤砂粒度≥0.07mm 地层砂粒；

耐酸碱 pH=3～13；

管柱内外可承担最大压差：P 内=24MPa；P 外=35MPa。

④ 滤砂管材质及要求

基管：普通套管打孔，孔径 10mm；孔密 150～220 孔/m；材质与套管相同；

复合过滤层：316L 不锈钢，结构：2～3 层过滤网层，2 层扩散层，平纹或斜纹编织；

外保护套：304L 不锈钢，CL 长拉伸孔 20mm×10mm；CY 长百叶孔、YK 圆孔 10mm；

整体焊接要求：螺旋焊接均匀，无裂纹、焊瘤、夹渣及表面气孔。

⑤ 精密滤砂管参数设计

依据所选区块的砂样分析资料及上述所述的考虑因素，确保所选择的防砂管既能防砂又能防堵塞，同时还能保持较高的导流能力。

5. 施工工序

① 下入防砂管柱，座封、丢手悬挂封隔器；

② 下服务管柱打开防砂管柱底部充填通道，油管泵入砂浆进行地层挤压充填；

③ 打开套管闸门对防砂筛管与套管环空之间进行充填，当压力升高到一定值时停止加砂；

④ 防砂施工结束后上提服务管柱，关闭底部充填通道，反洗井，洗出多余的砂浆。

6. 施工参数优化

普通出砂油藏，适当增加充填规模，采用大排量、高砂比、大砂量充填，扩大改造半径。充填排量：2～2.5m³/min；加砂强度 0.8～1t/m。充填规模：根据各单井具体情况进行优化设计。

针对边底水活跃油藏，在认清各井区油水关系的基础上，避免油井与水体的连通，必须适当减小充填规模，运用小排量（1m³/min）、低加砂强度充填技术，控制加砂规模，避免连通水层。充填排量：1.0m³/min；加砂强度 0.5～0.6t/m。

充填规模：根据各单井具体情况进行优化设计。

7. 应用实例分析

(1) 单井概况

林 17P7 井位于林 17 块北部，生产层位馆陶组。该块是具有边底水、常温常压、中高渗、常规稠油构造岩性油藏。油藏顶面埋深－1020～－1050m；孔隙度 5.7%，平均渗透率 (500～1000) $\times 10^{-3}\mu m^2$，泥质含量平均 9.6%。(图 5-4)

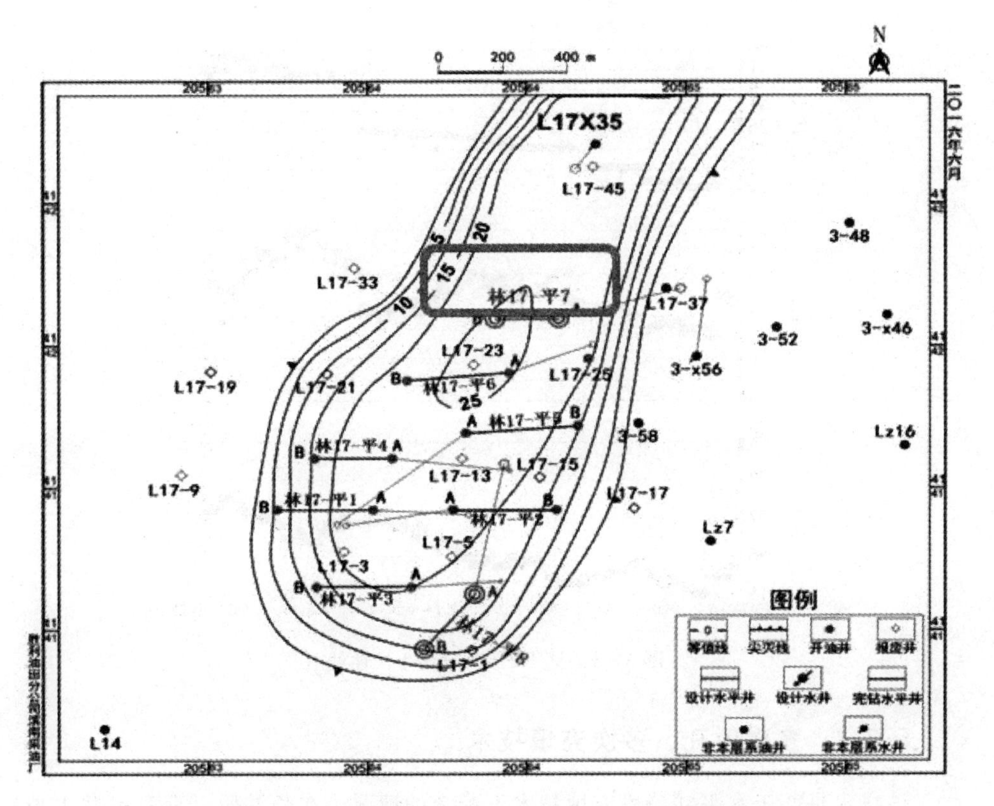

图 5-4　林樊家油田林 17 块主体 $Ng4^{5+6}$ 砂层等厚图

(2) 现场实施情况

表 5-3　林 17P7 井施工数据表

井号	水平段长度 (m)	施工日期	设计情况		实际施工情况				每米加砂 (t/m)
			石英砂 (t)	携砂液 (t)	石英砂 (t)	携砂液 (t)	砂比 (%)	压力 (MPa)	
林 17P7	52	12.26	30	140	30	140	10～35	10～12	0.6

根据设计方案进行了现场实施。排量：1.2m³/min；压力：10～12MPa；砂量：30m³（设计30m³）；砂比：10%～35%。

（3）效果

该井2017年1月6日开井生产，截至目前累油2678t，累水1457m³，综合含水34.6%，当前产量25.1×11×53%，单井日均产油13.4吨，取得了较好效果。（图5-5）

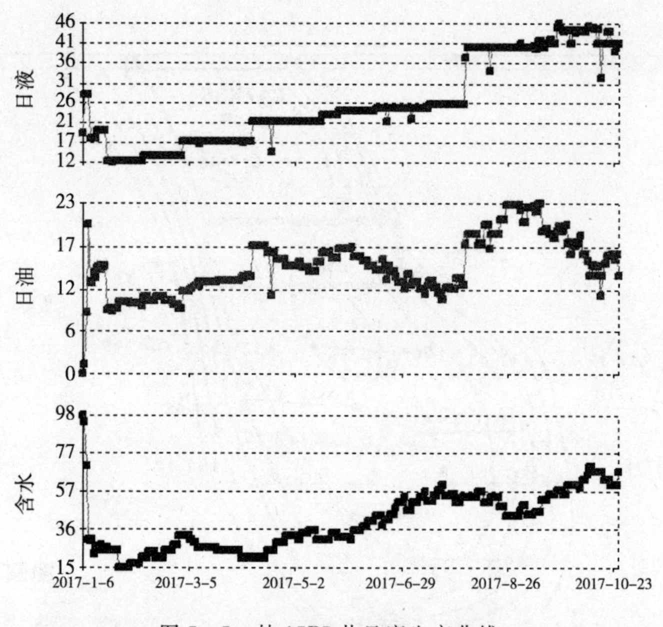

图5-5　林17P7井日度生产曲线

5.2.3　多次射孔、多次充填技术

该技术是基于水平井分段充填技术不配套的情况，在长井段、套管完井水平井实施的一种工序相对烦琐的分段充填工艺。该技术主要是根据测井解释结果进行选择性分段射孔，从下到上依次分多次充填，避免充填井段互相干扰；同时通过充填，在炮眼周围形成高渗透挡砂屏障，降低近井表皮系数，提高油井完善程度。

1. 工艺特点

① 类似于直井多次射孔充填防砂：首先根据渗透率分布情况，将水平段分为2～3段，对底部第一段进行射孔（为防止后期防砂管柱下不到位，射孔方式采用下相位射孔），下光油管进行地层充填；充填结束后继续对第二层和第三层

进行射孔、充填，最后对全井段悬挂滤砂管防砂。

② 施工风险小，成功率高；缺点是工序复杂，占井时间长。

2. 适用油井条件

油层段物性差异大；水平段长，笼统充填无法实现均匀改造；部分油层段离水体较近，可以根据钻井情况选择性射孔。

3. 防砂管柱结构

自下而上为丝堵＋Φ133mm不锈钢精密防砂管（每6～10米带扶正器1个）＋Φ114mm油管组合＋水平井悬挂封。

4. 防砂器材参数优化及筛选

充填砂、防砂管及尺寸、挡砂精度的选择与底部逆向充填工艺相同。

5. 应用实例——SJSH2P5

（1）单井概况

单2P5井位于单2西沙三段4砂组。该块是具边底水的常温常压、高渗地层一岩性超稠油油藏。油藏顶面埋深－1150m，孔隙度34%，平均渗透率$839\times10^{-3}\mu m^2$，地面原油密度0.9820～1.0138g/cm^3，地面原油黏度（50℃）15750～89329mPa·s。

（2）现场实施情况

表5-4 单2P5井施工数据表

井号	位置	水平段长度(m)	充填段数	设计情况		实际施工情况				每米加砂(t/m)
				石英砂(t)	携砂液(t)	石英砂(t)	携砂液(t)	砂比(%)	压力(MPa)	
单2P5	第一段	70	3	50	130	50	130	10～45	14	0.71
	第二段	40		40	120	40	120	10～40	12	1.00
	第三段	40		60	140	60	140	10～40	12	1.50

（3）现场效果

该井2012年1月11日开井生产，截至目前累油9839吨，累水55659吨。

5.2.4 水平井分段充填技术

该技术主要是针对水平段物性差异大的长井段水平井实施的一种分段改造地层，提高油井产能的一种防砂工艺。

1. 工艺特点

① 可根据测井数据进行选择性射孔，有效避开水层。

② 可一趟管柱实现对多层的依次充填，缩小占井周期。

③ 可以有效避免充填砂分布不均，解决高渗透率高孔隙度油层大量进砂、低渗层得不到有效充填的问题，水平段改造程度高。

④ 任何一层充填时，确保与其他层隔离，防止层间干扰影响充填效果；各充填段可实现单独卡封，便于后期卡堵水。

⑤ 每一层充填后可进行验充填作业，若充填效果达不到设计要求，可再次充填；充填合格后，验证滑套关闭情况。

2. 适用条件

油层段物性差异大；水平段长，笼统充填无法实现均匀改造；部分油层段离水体较近，可以根据钻井情况选择性射孔。

3. 管柱结构

根据射孔数据配置外管柱（防砂管柱）。（图 5-6）

外管柱构成（以 3 层为例）：底层筛管＋盲管＋底层充填滑套＋隔离封隔器总成＃1＋中层筛管＋盲管＋中层隔离封隔器总成＃2＋上层筛管＋盲管＋顶部充填总成。

内管柱构成（以 3 层为例）：隔离密封总成＋开关工具总成＋充填工具总成＋充填工具＋测压总成＋定位工具＋隔离密封工具。

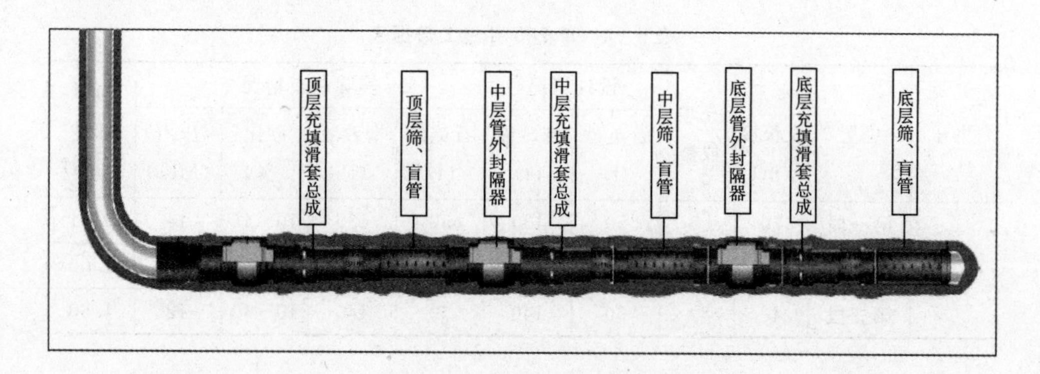

图 5-6　分段挤压充填防砂管柱结构示意图

4. 防砂器材参数优化及筛选

充填砂、防砂管及尺寸、挡砂精度的选择与底部逆向充填工艺相同。

5. 应用实例分析——LFLZ17P2（分两段充填）

（1）单井概况

林 17P2 井位于林 17 块东南部，生产层位馆陶组。该块是具有边底水、常温常压、中高渗、常规稠油构造岩性油藏。油藏顶面埋深－1020～－1050m，孔隙度

5.7%，平均渗透率（500～1000）$\times 10^{-3}\mu m^2$，泥质含量平均 9.6%。（图 5－7）

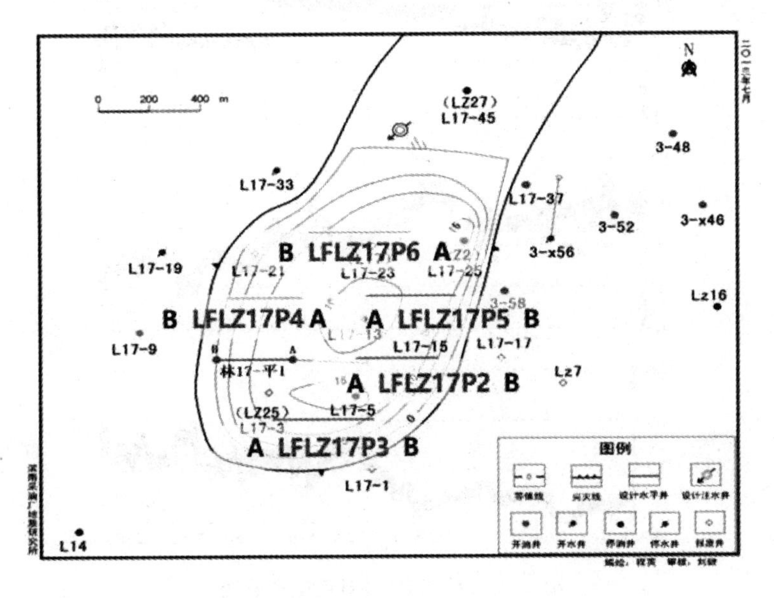

图 5－7　林 17 块主体 $Ng4^{5+6}$ 油层等厚图

（2）现场实施情况

表 5－5　林 17P2 井施工数据表

井号	位置	水平段长度(m)	充填段数	设计情况		实际施工情况				每米加砂(t/m)
				石英砂(t)	携砂液(t)	石英砂(t)	携砂液(t)	砂比(%)	压力(MPa)	
17P2	第一段(底部)	72	2	30	110	30	110	10～45	11	0.42
	第二段(顶部)	43		20	100	20	100	10～40	14	0.47

根据设计方案进行了现场实施。分两次施工，底部充填排量：1.5m³/min；压力：11MPa；砂量：30m³（设计 30m³）；砂比：10%～45%；顶部充填排量：1.5m³/min；压力：14MPa；砂量：20m³（设计 20m³）；砂比：10%～40%。

（3）现场效果

该井 2014 年 3 月 21 日开井生产，截至目前累油 1.49 万吨，累水 0.73 万吨，综合含水 32.9%，当前产量 17.3×8.2×52.7%，取得了较好效果。（图 5－8）

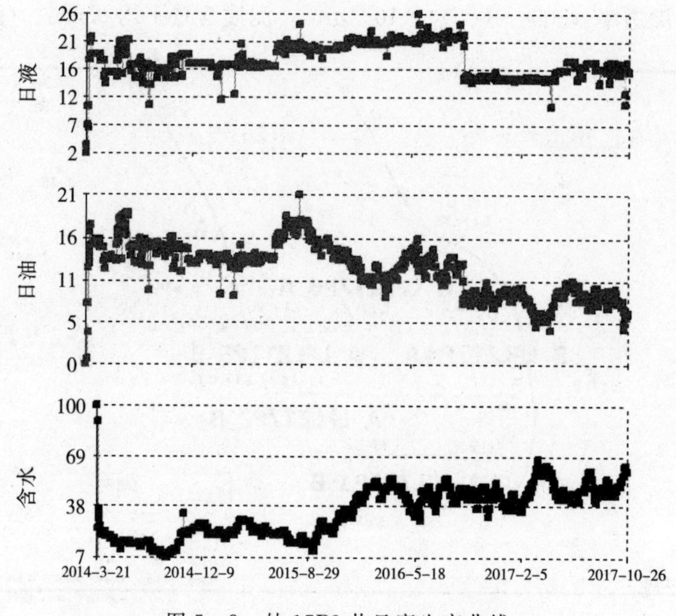

图 5-8　林 17P2 井日度生产曲线

5.3　裸眼完井水平井防砂工艺技术

对于出砂油藏，采用裸眼筛管顶部注水泥完井方式，施工简单，可防止井塌、出砂，又可增加原油渗流面积，提高油井产能；它的主要特点是：油层段采用筛管完井，不固井，避免固井对油层污染，同时还可以节省射孔费用；大通径精密微孔筛管渗流面积大，实现防砂完井一体化。滨南采油厂在 2007 年以前全部采用套管射孔防砂完井；2007 年以后裸眼筛管完井比例在 98%以上。

目前，滨南采油厂针对裸眼筛管完井水平井主要配套了全井段底部逆向充填、筛管外分段完井、分段充填（一趟管柱、两趟管柱）等工艺技术，通过在防砂管周围充填致密砾石层，改造地层，支撑井壁，保护防砂筛管，提高近井地带渗透率，提高油井产能。

5.3.1　完井筛管选择

目前，滨南采油厂完井筛管主要采用精密微孔滤砂管，主要由基管、不锈钢网过滤层、外保护管组成，基管为标准 7in 套管，防砂过滤层为不锈钢网组成的微孔复合过滤材料，采用特种焊接工艺，全焊接结构，整体强度高。

1. 滤砂管基本参数及结构

基管打孔孔径10mm，孔密150～220孔/m；

复合过滤层：316L不锈钢；结构：2～3层过滤网层，2层扩散层，平纹或斜纹编织；

外保护套：304L不锈钢，CL长拉伸孔20mm×10mm，CY长百叶孔、YK圆孔10mm。

2. 精密滤砂管参数设计

依据所选区块的砂样分析资料及上述所述的考虑因素，确保所选择的防砂管既能防砂又能防堵塞，同时还能保持较高的导流能力。

表5-6　过滤精度优选表

防砂介质	WF 60	WF 80	WF 100	WF 120	WF 160	WF 200	WF 250	WF 300	WF 350
过滤精度（μm）	60	80	100	120	160	200	250	300	350
备注	过滤精度可根据地层砂粒度组成或采油厂要求确定（60～350μm任意）								

挡砂精度选择：

确定原则，即地层砂粒度中值Md：分选系数$Sd=D_{25}/D_{75}$。

1≤Sd≤2.5，分选性好，过滤精度D=80%Md；

2.5≤Sd≤4.5，分选性中等，过滤精度D=70%Md；

4.5≤Sd，分选性差，过滤精度D=60%Md。

根据相应区块的粒度中值计算过滤精度，遵循适度防砂理念，提高筛管挡砂精度，允许细砂排出，减少细粉砂堵塞。

5.3.2　裸眼水平井酸洗处理技术

为解除钻井过程中产生的泥饼堵塞，对新井采取稀土酸解堵返排的地层预处理措施。通过对地层进行物理和化学双重作用，彻底疏通地层孔道，并利用负压快速彻底返排，为下一步挤压充填疏通地层、增加充填空间，提高井底铺砂强度。(图5-9)

5.3.3　裸眼水平井管外挤压充填防砂技术

为有效保护套管、防止地层细粉砂运移堵塞，对裸眼水平井配套实施了筛管外底部挤压充填工艺。该工艺是在裸眼水平井筛管完井后，下入充填管柱带防砂服务器打开底部充填工具，进行充填施工，实现底部逆向充填，在不锈钢精密筛

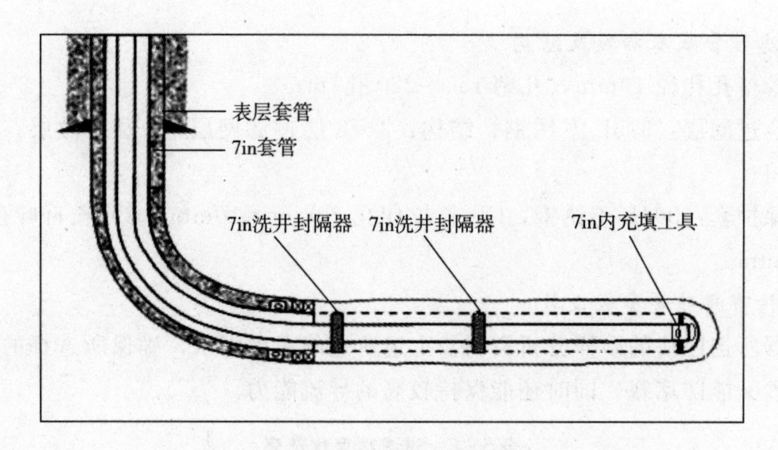

图 5-9　酸洗管柱图

管与井眼环空之间形成高渗透性的挡砂屏障，提高近井地带的导流能力，改善生产效果。(图 5-10)

1. 工艺特点

① 充填工具通道大，不易形成砂桥，施工成功率高；上提管柱，通道自动关闭；结构简单，操作方便。

② 形成的高渗透挡砂屏障直接与井壁紧密接触，可防止地层坍塌。

③ 可解除近井地带堵塞，降低表皮系数。

④ 能抑制部分地层细粉砂运移堵塞，保持油井稳产。

2. 施工工序

① 下服务管柱打开底部充填通道。

② 从油管泵入砂浆，加砂比由小到大。

③ 最后打开套管闸门进行不锈钢精密筛管与井眼环空之间充填，当压力升高到一定值时停止加砂。

④ 防砂施工结束后上提服务管柱关闭底部充填通道，反洗井，洗出多余砂浆。

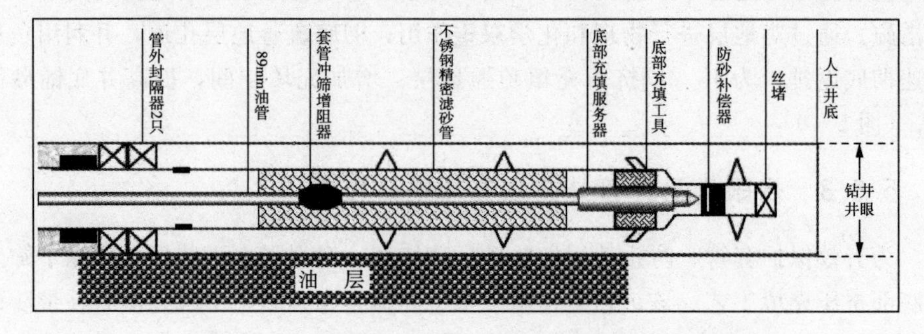

图 5-10　裸眼筛管外挤压充填防砂管柱结构示意图

3. 应用实例分析——SJSH2P7

（1）单井概况

单2P7井位于单2西沙三段4砂组。该块是具边底水的常温常压、高渗地层一岩性超稠油油藏。油藏顶面埋深－1150m，孔隙度34%，平均渗透率839×$10^{-3}\mu m^2$，地面原油密度0.9820～1.0138g/cm^3，地面原油黏度（50℃）15750～89329mPa·s。（图5－11）

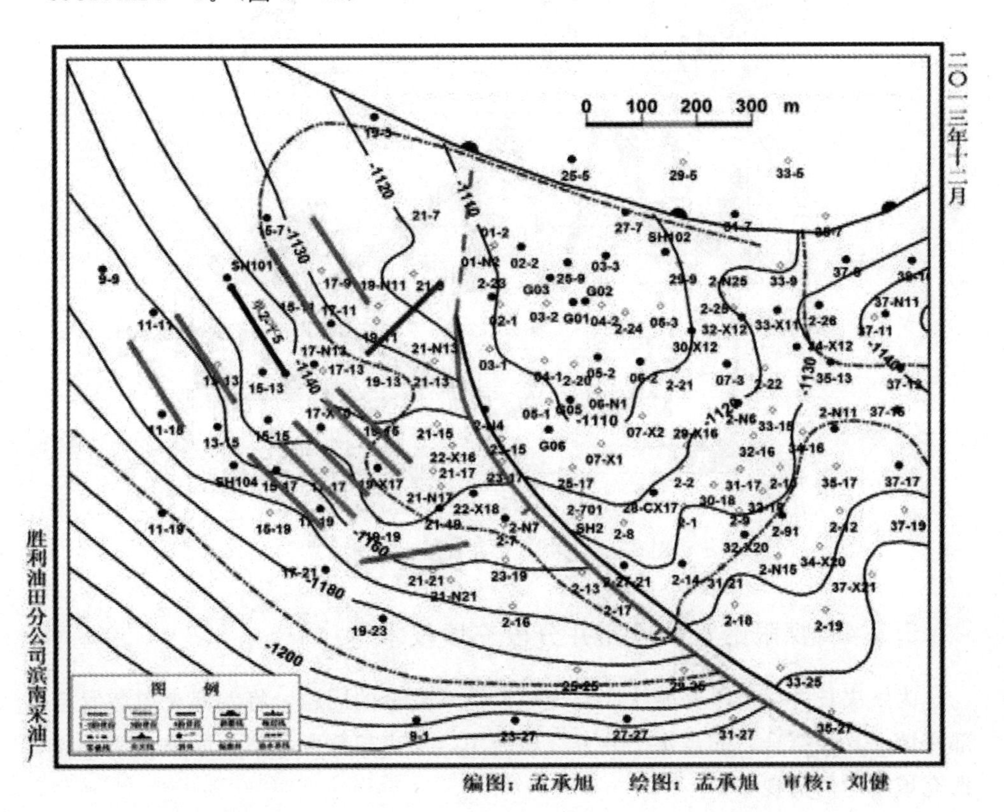

图5－11　单家寺油田单2块西部沙三4构造井位图

（2）现场实施情况

表5－7　单2P7井施工数据表

井号	水平段长度（m）	施工日期	设计情况		实际施工情况				每米加砂（t/m）
			石英砂（t）	携砂液（t）	石英砂（t）	携砂液（t）	砂比（%）	压力（MPa）	
单2P7	150.7	8.1	70	150	70	150	10～45	12～14	0.5

(3) 现场效果

该井 2014 年 9 月 26 日开井生产，截至目前累油 1.26 万吨，累水 3.65 万吨，综合含水 65.4%，当前产量 35×3.5×90%，取得了较好效果。(图 5-12)

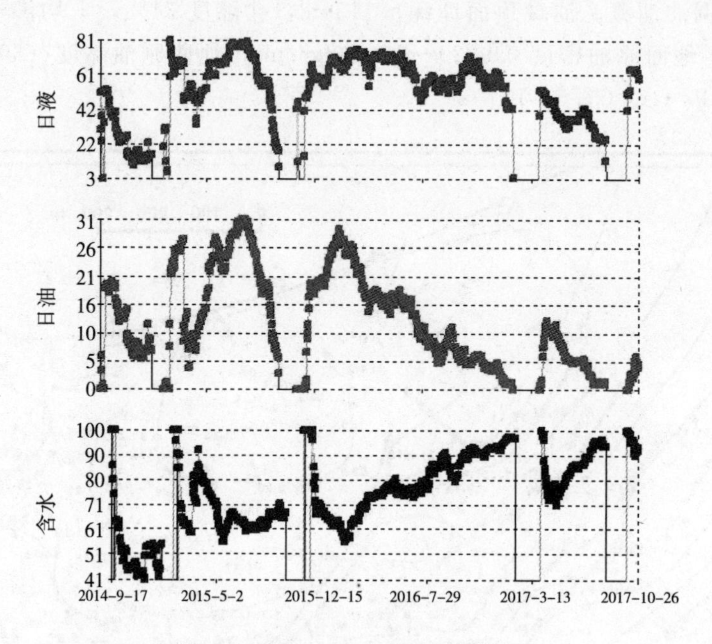

图 5-12 单 2P7 井日度生产曲线

5.3.4 裸眼筛管分段完井分段充填技术

为解决长井段水平井笼统底部充填改造不完全的问题，将上部充填装置与底部充填工具相结合，实现水平井分 2 段充填，解决长井段水平井因渗透率差异导致充填不均匀的现象。

1. 工艺特点

① 外管柱上设计有顶部充填工具、底部充填工具、管外封隔器以及防砂筛管等工具，完井时随油层套管下井。管外封隔器两端均设计了密封筒，与管外封隔器座封管柱上的插管密封筒配合，管外封隔器座封管柱下入设计位置后，管外封隔器座封密封筒和插管密封筒配合后形成密闭空间，泵车从油管打压，液压经过管外封隔器座封管柱传压孔座封管外封隔器，将水平段油藏封隔成顶部和底部两段。

② 采用 2 趟管柱对两段进行充填施工，工具下入及施工风险小。

③ 底部充填：底部充填管柱的密封插头插入外管柱的底部充填工具后，顶

开充填工具内的单流阀，充填通道打开，可实现底部管外挤压充填。底部充填结束后上提管柱，管柱提出底部充填工具后，单流阀在弹簧力的作用下，关闭充填通道，防止地层出砂。

④ 顶部充填：顶部充填管柱下入设计位置后，密封插头与外管柱顶部充填密封筒配合后形成密闭空间。双向开关在下外管柱顶部充填工具时可以打开其充填滑套，形成顶部充填通道。充填施工结束后，上提管柱，双向开关通过外管柱顶部充填工具时可以关闭其充填滑套，防止地层出砂。

⑤ 工序较烦琐、作业占井时间长，且只能实现两段充填，工艺适应性受限。

2. 管柱结构（图 5－13）

外管柱：引鞋＋底部充填装置＋盲管短节＋筛管＋密封筒＋裸眼隔离封隔器＋密封筒＋顶部充填装置＋盲管短节＋筛管＋盲管＋免钻塞＋套管柱至井口。

座封管柱：座封短节＋油管柱至井口，对隔离封隔器座封。

下层充填管柱：充填插头＋油管柱至井口。

上层充填管柱：密封插头＋充填插头＋油管柱至井口。

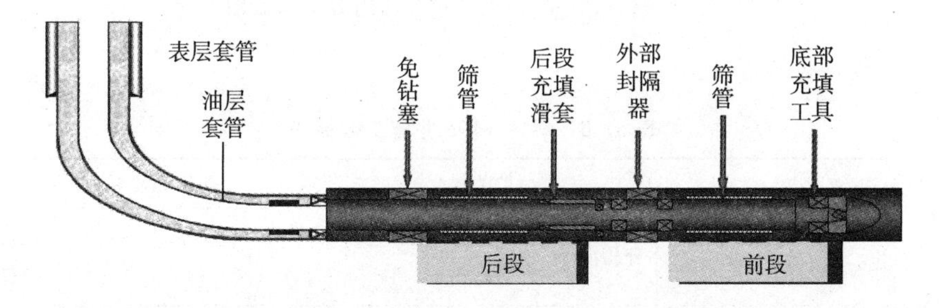

图 5－13　裸眼筛管分段完井分段充填管柱

3. 施工工序

① 座封管外封隔器：下入座封工具＋Φ89mm 油管串至井口，座封。

② 底部充填防砂施工，顶部充填防砂施工。

③ 验滑套关闭情况，上提管柱关闭滑套，油管正打压，若起压，则充填滑套关闭，起出充填管柱。

4. 应用实例分析——LFLZ14P5

（1）单井概况：林中 14P5 井位于林中 9 孔店组，该块属于疏松砂岩油藏，方案区块粒度中值平均在 0.14mm，且胶结疏松。区块含油砂体 9 个，面积 $2.2km^2$，储量 167×10^4 t，采用“穿层”水平井＋“巷道”水平井的部井方式，具有含油小层多、油层不连续、渗透率低等特点，平均渗透率 $180\times10^{-3}\mu m^2$。（图 5－14）

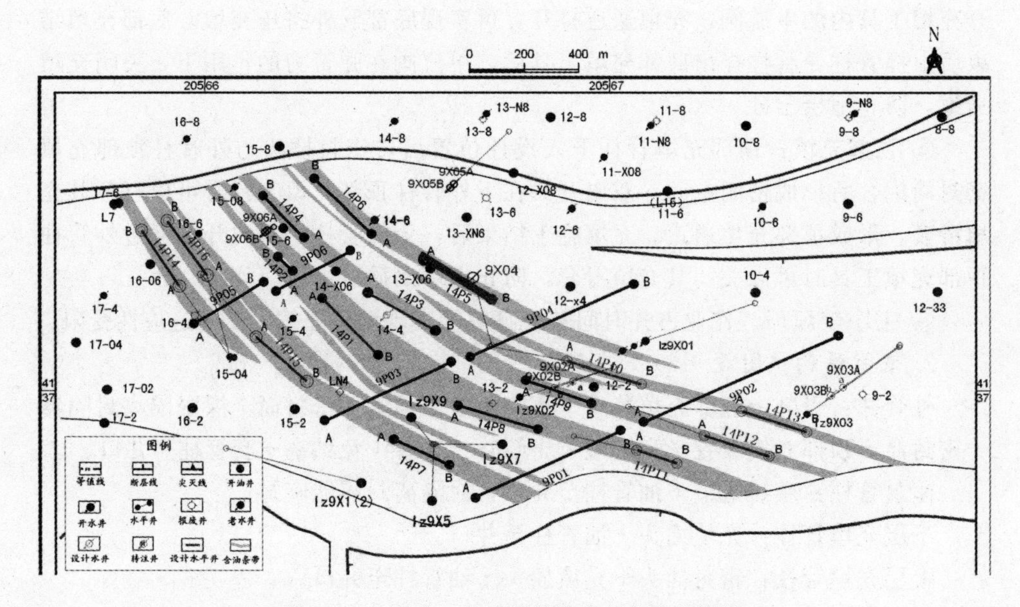

图 5-14 林中 9 块南断块孔店组方案部署图

（2）现场实施情况

表 5-8 林中 14P5 井施工数据表

井号	水平段长度（m）	分段工艺	设计情况			实际施工情况			
			分段情况	石英砂（t）	携砂液（t）	石英砂（t）	携砂液（t）	砂比（%）	压力（MPa）
林中14平5	275.12	两趟管柱分段充填	第一段	60	150	60	150	7～45	13～14
			第二段	70	160	70	160	7～45	13～15

（3）现场效果

该井 2013 年 11 月 24 日开井生产，截至目前累油 1.65 万吨，累水 0.76 万吨，综合含水 31.5%，当前产量 26.1×17.6×32.6%。

5.3.5 一趟管柱分段充填工艺

为实施对长井段水平井的多段充填改造，配套了一趟管柱分段充填工艺，可以实现两段、三段及更多层的充填（目前滨南厂最多实施了 4 段充填），减少施工工序，缩小占井周期，工艺的适应范围更广。该技术根据测井解释结果对油层段分段，防砂管柱随套管一起下入油井内，座封管外封隔器，蹩压打开固井分级箍，筛管顶部注水泥固井，关井候凝。下入专用座封工具，自下而上依次座封管外封隔器。根据防砂外管下入顺序配接内部防砂充填服务管柱，充填下层时内部防砂充填服务管柱的底部隔离密封总成要与下层管外封隔器密封筒相配合，保证密封，防止充填液进入中层和上层。下层充填完毕后，用滑套关闭工具关闭滑套。连续上面的步骤，依次完成中层和上层充填，直至完成整个井段的砾石充填。

1. 工艺特点

① 真正实现管外分段，使水平段均得到压裂充填改造。避免长水平井笼统底部充填时易出现砂桥造成防砂失败。

② 密封系统可使任何一层充填时充填液体不会串层。反洗液体无漏失，降低砂卡管柱的风险。

③ 留井管柱配有密封筒，后期可实现分段控水、分段酸化、分段均匀注汽等选择性增产措施。

④ 充填滑套关闭后可验滑套作业，充填滑套带有锁紧装置。滑套关闭后不会被其他工具误打开。

⑤ 施工风险相对大，对现场施工人员素质要求高。

2. 管柱结构

分段防砂工艺管柱，包括液压分级箍、固井管外封隔器总成、多级管外封隔器、多级充填滑套总成、筛管和引鞋。（图5-15）

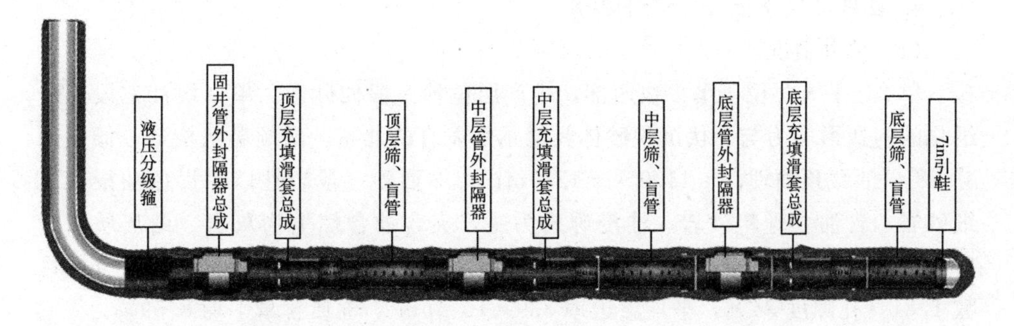

图5-15 水平井裸眼完井分段防砂工艺管柱示意图

充填服务工具管柱包括施工油管、隔液密封装置、充填管、隔液管、充填服务工具总成、旋转定位工具、单向开关工具、底部隔离密封总成。（图5-16）

3. 施工工序

① 座封管外封隔器：下入座封工具+Φ89mm油管串至井口，座封。

② 底部充填防砂施工。

③ 关滑套：由充填位置上提管柱7m过提3～5t，用滑套关闭工具关闭滑套，

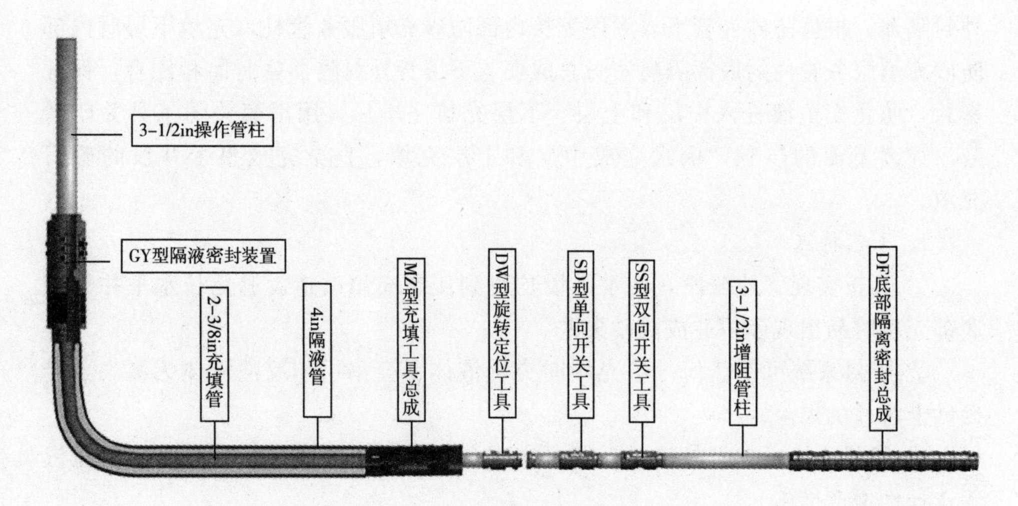

图 5-16 充填服务工具管柱示意图

然后重新下放至充填位置，验证滑套关闭情况。

④ 上提防砂管柱进行中间层充填，施工程序与底层充填施工类似。

⑤ 关滑套：由充填位置上提管柱，用滑套关闭工具关闭滑套，然后重新下放至充填位置，验证滑套关闭情况。

⑥ 防砂施工结束，起出防砂管柱。

4. 应用实例分析——SJSH2P8

(1) 单井概况

单2—平8井位于单二块西部，生产层位沙三段四砂组。单2块沙三段4砂组总的构造形态为与下伏沉积砂体具继承性发育的北超、南倾鼻状构造，倾角约3°～8°，油藏顶面埋深－1100～－1230m；单2西沙三段岩性以棕褐色油浸粉－细砂岩、含油含砾粗砂岩、油浸砾岩为主，夹含油含螺生物灰岩，见灰质细砂岩、灰绿色泥质粉砂岩以及砂质泥岩。沙三段4砂组粒度中值0.22mm，分选系数1.81，孔隙度34%，平均渗透率$839\times10^{-3}\mu m^2$，泥质含量平均8.59%。

单2—平8井设计区圈定含油面积$0.025km^2$，平均有效厚度15m，单储系数$22.4\times104t/km^2\cdot m$，石油地质储量$8.4\times10^4t$。

(2) 现场实施情况

根据设计结果进行了现场实施。1349.8～1415.38m段：①排量：$2m^3/min$；②压力：11.5～15.5MPa；③砂量：$24m^3$（设计$22m^3$）；④砂比：10%～42%。1427.12～1516.04m段：①排量：$2m^3/min$；②压力：10～15MPa；③砂量：$40m^3$（设计$38m^3$）；④砂比：10%～40%。（图5-17、图15-18）

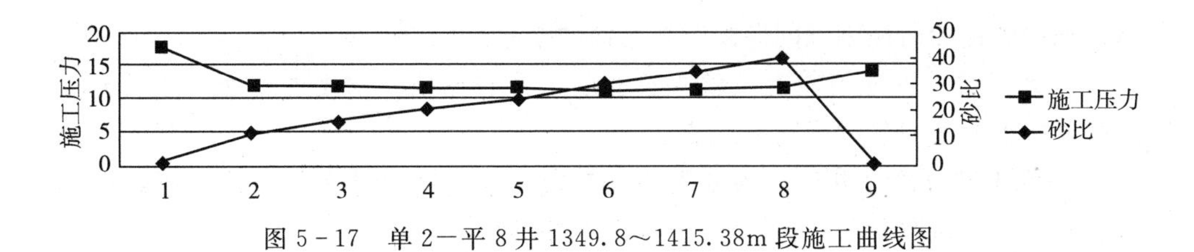

图5-17　单2—平8井1349.8～1415.38m段施工曲线图

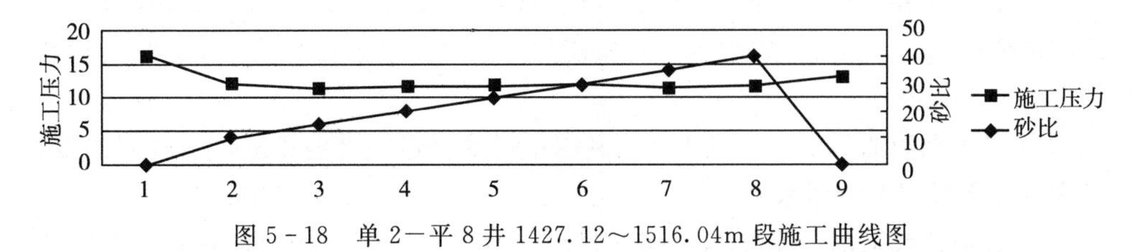

图5-18　单2—平8井1427.12～1516.04m段施工曲线图

（3）应用效果

该井第一周生产后高含水，分析认为下部水平段出水严重，导致油井高含水。该项工艺管柱可实现分段注采。因此第二周采用密封插杆，封下部水平段，单注单采上部水平段。

第二周开井后峰值液量73.7t/d，峰值日油13.5t/d，累计生产262天，累油2291t，累增油2040t，平均日增油7.8t/d；措施后生产规律明显与上周不同，总体呈现出高液量，含水稳步下降的趋势，措施效果显著。

与邻井单2—平7井进行了效果对比：单2—平7井采用底部充填、均匀注汽投产；从投产效果看，分段充填、分段注汽投产效果好于底部充填、均匀注汽。

表5-9　单2—平8井与单2—平7井效果对比表

井号	水平段长	费用（万元）						周期产油（吨）	油汽比	吨油措施成本（元）
		主材	作业费	车组费	完井、作业工具	注汽工具	费用合计			
单2—平7	150	9.1	20.5	8	10.1	1.6	49.3	1182	0.4	417.1
单2—平8	154	16	20.5	12	29.5	2	82	2291	1.01	357.9

5.4　水平井防砂技术总结

1. 对于水平井防砂工艺，缺少施工参数优化的理论支持。如针对不同区块采取多大的施工排量，对于不同类型油藏、不同长度水平段加砂量的多少以及加砂过程中砂比如何控制等问题缺乏技术性的指导。

2. 水平井分段充填能有效解决长井段水平井充填不均衡的难题，通过分段充填，能充分发挥各油层段的产能潜力。

3. 水平井分段完井后，根据测井解释资料，利用生产密封与留井密封筒配合密封，下入后期分采管柱可实现分段控水采油。

4. 分段完井水平井，配合分段注汽管柱，可实现分段均匀注汽。通过均匀注汽模拟计算，下入相应配注器，可实现均匀注汽，达到长井段水平井均匀动用的目的。

5. 底水稠油油藏水平井见水后，利用水平井分段完井时下入的管外封隔器，可实现水平段间卡、堵水。

6. 目前滨南采油厂实施的一趟管柱水平井分段防砂技术，存在施工工序烦琐、施工管柱复杂等问题。下一步应加强该技术研究，结合现场实际情况使该工艺得到进一步完善。

第 6 章　滨南水井防砂工艺技术

6.1　水井防砂概况

当水井处于胶结疏松地层中时，就会出现水井出砂问题，当出砂水井出现停电停注时，会导致大量泥沙涌入井筒，造成后期注水压力升高，全井砂埋无法完成配注任务等问题出现。同时会出现砂卡注水管柱，导致管柱无法正常启出，从而导致大修。对于水井同样需要采取适当的防砂措施。

滨南采油厂常规稠油出砂油藏主要集中在尚店油田和林樊家油田，截至目前尚、林油田水井开井 240 口，其中笼统注水 137 口，分层注水 103 口，日注水平 8480m^3/d。其中林樊家油田水井开井 119 口，其中笼统注水开井 80 口，分层注水 39 口，日注水平 2939m^3/d。尚店油田水井开井 121 口，其中笼统注水开井 57 口，分层注水 64 口，日注水平 5541m^3/d。

两者均属低粒径中值（0.09～0.15mm）、埋深浅（950～1250m）的水驱油藏。水井投注前需实施防砂，目前尚店、林樊家油田水井防砂分为化学防砂和机械防砂等六套防砂工艺，其中化学防砂为主，机械防砂为辅，不同防砂工艺份额统计数据见表 6 - 1 所列。

表 6 - 1　林樊家油田、尚店油田水井防砂工艺份额统计表

林樊家油田			尚店油田		
防砂工艺	百分比	累积百分比	防砂工艺	百分比	累积百分比
正常套管化防	58	58	正常套管化防	71	71
机械防砂笼统注水	16	74	机械防砂笼统注水	12	83
侧钻井	10	84	机械防砂分层注水	5	88
小套管	4	88	小套管	3	91
机械防砂分层注水	2	90	侧钻井	1	92
未防砂	10	100	未防砂	8	100

6.2 水井防砂技术

6.2.1 水井化学防砂工艺技术

1. 笼统化学防砂技术

(1) 施工管柱

全井采用光油管施工管柱，管柱尾深在油层顶界以上5～10m，装好井口进行施工。

(2) 技术原理

以酚醛树脂新井施工为例，工作原理如下：

a. 正挤活性柴油，柴油中加入1%的FAE活性剂，即为活性柴油，用量为每米射孔油层不少于500L，排量300L/min;

b. 正挤盐酸，盐酸浓度为5%～7%，每m射孔油层不少于200L，排量300L/min;

c. 正挤柴油用量2m^3，排量300L/min;

d. 正挤酚醛树脂溶液每m射孔油层不少于200L，排量300L/min;

e. 正挤增孔剂（柴油）用量为树脂用量的2～3倍，排量300L/min;

f. 正挤固化剂（盐酸）盐酸浓度10%～12%，用量为树脂量的2～3倍，排量300L/min;

g. 正挤顶替液（柴油）将盐酸全部挤入油层，排量300L/min;

h. 关井侯凝48小时以上；

i. 压井、探树脂面、钻塞至人工井底；

j. 下入生产管柱投产。

(3) 技术参数

施工层厚度：≤5m

施工压力：≤地层破裂压力

施工排量：300～500L/min

(4) 工艺特点

化学防砂具有施工简便、留井通径大、便于后期作业与处理、井筒轨迹适应性强以及可以在小井眼井中应用的优点。缺点是固结强度低、化学药剂存在有效期、原油及近井污染影响固结效果等。

（5）现场实施

表 6-2　林樊家油田水井（正常套管）化学防砂周期统计表

周期计算方式	防砂频次/时间	井数（口）	有效期（天）
已结束防砂周期	第一次	22	972
	第二次	4	748
未结束防砂周期	2007 年	1	3285
	2009 年	14	2555
	2010 年	4	2190
	2011 年	3	1851
	2012 年	2	1606
	2014 年	18	667
	2015－2016 年	13	296
合计		82	1569

林樊家油田调查正常套管化学防砂 82 口。目前已结束第一次防砂周期井 22 口，有效 972 天，已结束第二次防砂周期井 4 口，有效 748 天，其余井未结束第一次防砂周期，目前仍然有效。发现频繁出砂井 12 口。

表 6-3　尚店油田水井（正常套管）化学防砂周期统计表

周期计算方式	防砂频次/时间	井数（口）	有效期（天）
已结束防砂周期	第一次	25	1132
	第二次	1	1460
未结束防砂周期	2008 年	4	2860
	2009 年	12	2555
	2010 年	1	2260
	2011 年	3	1855
	2012 年	5	1460
	2013 年	7	1095
	2014 年	6	698
	2015－2016 年	8	296
合计		74	1567.1

尚店油田调查正常套管化学防砂 74 口。目前已结束第一次防砂周期井 25

口，有效 1132 天，已结束第二次防砂周期井 1 口，有效 1460 天，其余井未结束第一次防砂周期，目前仍然有效。发现频繁出砂井 10 口。

侧钻井化学防砂 15 口，已结束第一次防砂有效期 897 天。

小套管井化学防砂 8 口，已结束第一次防砂有效期 405 天，两者发现频繁出砂井 12 口。

表 6-4 尚林油田水井侧钻井化学防砂有效期统计表

周期计算方式	防砂频次	井数（口）	有效期（天）
已结束防砂周期	第一次	11	897
	第二次	6	112
未结束防砂周期		4	987.4

表 6-5 尚林油田水井小套管井化学防砂有效期统计表

周期计算方式	防砂频次	井数（口）	有效期（天）
已结束防砂周期	第一次	6	405
	第二次	4	169
未结束防砂周期		2	1506

2. 分层化学防砂技术

对于多层油藏，分层化学防砂分层注入工艺主要有两种，一种是逐层上返工艺，如分三层，需要上提管柱三次，在下井或起出过程中，易抽吸地层、搅动井液，常引起地层反吐出砂；施工时间长、费用高，用液量大，漏失较为严重；而且下入过程中，边下入边从油管喷液。另一种采用水力锚锚定注入管柱、分层封隔器及喷砂器组成分层注入管柱，现场施工中存在水力锚解卡难导致大修，各层喷砂器不能按设计次序打开，大排量井筒洗井难，起出管柱时，由于管柱内处于密闭状态，起一根喷一个，不方便作业与环境保护等问题。

因此，对于化学防砂分层注入管柱的改造成为本技术的核心之一，需要对锚定机构、喷砂器、大排量反洗井及安全起出等方面进行全面的改造和创新设计。

（1）管柱结构及组成

化学防砂分层注入管柱主要由旋转泄油器、防蠕动封隔器、层间分层封隔器、各级喷砂器及沉砂单流阀等工具组成。

（2）工作原理

① 下入管柱：结合油井层段特点，将设计管柱结构下入井筒，用油管将整体管柱下至设计位置。

② 最下层注入：从油管内打压，井筒内各级分层封隔器依靠节流压差扩张座封，压力继续上升，打开底部喷砂器充填口，进行最下层化学固砂剂注入，完成注入后，顶替后放压，准备上一层注入。

③ 中间层注入：从井口投小钢球，等小钢球自然落到喷砂器的喷砂阀后，从油管内打压，井筒内各级分层封隔器依靠节流压差扩张座封，压力继续上升，打开中间喷砂器充填口，进行中间层化学固砂剂注入，完成注入后，顶替后放压，准备最上层注入。

④ 最上层注入：从井口投大一级钢球，等钢球自然落到喷砂器的喷砂阀后，从油管内打压，对应上层底部分层封隔器与防蠕动封隔器依靠节流压差扩张座封，压力继续上升，打开上层喷砂器充填口，进行上层化学固砂剂注入，完成注入后，顶替。

⑤ 固砂：按设计时间，关井固砂，完成固砂后，起出分层化学防砂管柱，完成分层化学防砂。

⑥ 异常情况处理：当分层注入过程出现井筒局部堵塞等异常情况时，及时泄压，封隔器解封，倒地面流程，可从油套管进行反洗井，洗出井筒内堵塞物。

(3) 主要技术参数

① 适应套管尺寸：5－½in、7in

② 分层层数：5－½in 井≤3 层；7in≤4 层

③ 分层封隔器座封压力：1～1.5MPa

④ 封隔器密封工作压力：≤30MPa

⑤ 喷砂器充填口开启压力：3～4MPa

(4) 工艺特点

① 可实现不动管柱完成多层分层化学防砂，施工时间短，作业成本低，油层污染小。

② 逐层投球分层化学防砂，喷砂器逐级打开，分层注入可靠性高。

③ 喷砂器与分层封隔器整体设计，喷砂口与座封钢球之间的口袋小，有效避免口袋长时的管柱卡、固风险。

④ 设计防蠕动分层封隔器，井下管柱无卡瓦式锚定带来的卡管柱风险；采用扩张式封隔器，与底部防砂卡沉砂单流阀结构，有利于及时、大排量反洗井与管柱起出，施工安全性高。

⑤ 具有环空保护功能，可实现无套压分层化学，能满足油田开发的安全要求和环保要求。

3. *固砂剂种类*

尚林油田水井化学防砂主要采用 HY，占 75%，树脂使用占 24%，其余

1%，洗油控砂体系试验2口。

(1) HY固砂剂

① 防砂机理

HY型油水井防砂材料由液固两相组成。液相是以合成高分子材料为主体的可流动胶状黏稠液体，是一种良好的黏结剂，具有较好的流动性，在特定催化剂的作用下能与石英砂和固相材料很好固结；固相为一种合成的特殊固体纤维，其形成的固结体为网状结构，具有很好的收缩性和毛细管性能，密度与液相相近，能较好地分散于液相中，保证在施工管线中的正常携带。同时在液相中还掺入了不参与反应的组分，这一组分在固结体形成过程中起到增孔作用，保证固结体系有较好的渗透性。防砂材料被泵送到地层，固相材料填充已亏空的地层和堆积于井壁附近；液相为胶结剂，一部分液相材料固结填充和堆积井壁附近的固相材料，在井壁附近形成具有较高强度和较好渗透性能的挡砂人工井壁；另一部分液相把井壁附近的疏松砂粒固结住，避免井壁附近的疏松砂粒运移流入井筒，达到有效防止地层出砂的目的。另外，由于固相材料不是刚性体，而是成网络状的柔性体，它具有独特的堆积性，它不易被挤入地层和推远，能填充井壁附近已亏空的地层和堆积、滞留于井壁附近，在施工过程中起暂堵作用，使液态防砂材料能均匀地进入各射孔井段中，固结后在井壁附近形成一个渗透性好、强度高、纵向连续均匀的人工防砂井壁，保证了防砂材料能有效、均匀地波及各个射孔层段。

② 室内评价

固相材料：粒径选择原则D砾＝(5～6) D地中。式中：D砾——砂砾粒度中值，mm；D地中——地层砂粒度中值，mm。

针对尚林油田地层砂粒度中值0.09～0.12mm，选择0.5～1.5mm固相材料(由于固相材料形状不规则，粒径范围可适当放宽)，固相材料的密度为1.1～1.3g/cm³。

液相材料(高分子材料)：原液密度1.10～1.20g/cm³。

基本配方：固相材料和液相材料之比为1∶0.6。

A. 液固两相悬浮稳定性试验

在500ml的烧杯中按基本配方比例配好200ml防砂材料，搅拌均匀后倒入500ml的量筒中，观察液固两相的悬浮稳定性，配好后的HY型油水井防砂材料在10小时内能保持较好的悬浮稳定性，满足现场施工要求。同时，由于HY防砂材料液固两相密度接近，在1.1～1.3之间，固体携带比可达60%以上，可进行高砂比充填。

B. HY 防砂材料强度试验

a. 温度对 HY 防砂材料强度的影响

在不同的温度下固结两天，基本配方的砂样固结后的抗折强度见表 6－6 所列。由表 6－6 所列可以看出，在选择温度范围内，固结温度对强度影响不明显。

表 6－6　温度与岩心试样强度的关系

温度（℃）	40	45	50	55	60	70	80	90
抗折强度（MPa）	3.1	3.1	3.2	3.2	3.2	3.1	3.2	3.1

b. 固结时间对强度的影响

固结温度 50℃，在不同时间里按基本配方固结的砂样的抗折强度值见表 6－7 所列。

表 6－7　固结时间与强度的关系

固结时间	2h	12h	1d	2d	5d	10d	30d	60d	100d
抗折强度（MPa）	0.7	2.3	2.9	3.2	3.2	3.3	3.4	3.4	3.5

由表 6－7 所列可以看出在选择的时间范围内，随着时间增加，其抗折强度有所增加，但增加的程度越来越平缓，试样在 12h 内固结强度可达到 2.3MPa。

c. 液体介质浸泡对强度的影响

固结砂样在不同介质中浸泡后，其抗折强度值见表 6－8 所列。由表 6－8 所列可以看出，强碱和强酸对其性能有破坏作用，而采出水、卤水对其强度基本没有破坏作用。

表 6－8　试样在不同介质中浸泡的强度

介质	清水		采出水	柴油	卤水	原油	5% NaOH	10% HCl
浸泡时间（d）	1	30	30	30	30	30	1	10
抗折强度（MPa）	3.2	3.4	3.3	3.4	3.7	3.2	0	2.1

注：浸泡温度 50℃

C. 不同温度对防砂材料固化速度影响

为适应现场施工需要，进行了温度对防砂材料固化速度试验，结果见表 6－9 所列。

表 6－9　温度与固化速度的关系

温度（℃）	20	30	40	50	60	70	80	90
固结速度（min）	470	251	176	118	68	34	23	11

由表 6 - 9 所列可以看出，温度越高，固化越快，液体在 30℃的静态条件下，试样可在 4 个小时内不固化，在 60℃温度中可保证一个多小时才固化。因此，本配方能适应现场施工的要求。

D. 液体材料胶结地层砂的性能

以液相材料固结地层砂（粒度中值：0.11mm）的性能测试结果见表 6 - 10 所列。从表 6 - 10 所列的数据可以看出，用于该材料的树脂对地层砂有较好的固结强度与较高的渗透率。

表 6 - 10 胶结地层砂的性能

固结温度（℃）	固结时间（d）	抗折强度（MPa）	渗透率（μm^2）
50	2	3.4	2.1

③ HY 防砂材料的适应性评价

A. 固结温度适合尚林油田地层。

在尚林油田地层温度 50℃条件下，HY 防砂材料固结地层砂后有较高的固结强度和渗透率值，试样抗折强度大于 3.0Mpa，渗透率大于 2.0μm^2。

B. HY 防砂材料液固两相密度接近，便于泵送，适合高砂比（固相携带比 40%～60%）充填地层亏空地带，能有效抑制地层微粒运移。

HY 防砂材料中的固相材料密度与液相材料接近，固相材料密度 1.1～1.3g/cm^3，液相材料密度 1.1～1.2g/m^3，固相材料很容易悬浮和分散于液相溶液中，能保证较大的携带比，且泵送容易。它既能高砂比充填亏空地层形成较高强度的人工井壁，又具有固结地层疏松砂砾的作用。

C. HY 防砂材料具有一定的暂堵性，在尚林油田长井段油水井防砂施工中具有一定的优点。由于固相材料独特的可塑特性，它形成的固结体具有一定的暂堵作用，在尚林油田水井防砂及非均质油井的防砂先期处理中有较好的适应性。

HY 网状防砂材料由固液两相材料胶结而成，部分固相防砂材料在近井地带胶结，形成具有较高强度和较好渗透性能的人工井壁，另一部分液相材料可以胶结地层砂，避免地层砂运移流入井筒，具备自动调整防砂材料吸入剖面的作用。

HY 固砂剂由 A 剂（固体纤维砂）、B 剂（固化剂）组成。现场应用时，A 剂、B 剂组成：质量比 9∶1。固结时间：当地层温度低于 60℃时为 48h；地层温度高于 60℃时为 24h。抗压强度为 4.9MPa，适用于渗透率≥$200\times10^{-3}\mu m^2$ 的地层，地层用量 0.4～0.6t/m。缺点为处理半径小，地层原油、污染影响固结强度。

（2）酚醛树脂固砂剂

① 防砂机理

A. 酚醛树脂胶结砂层

酚醛树胶结砂层是以苯酚、甲醛为主料，以碱性物质为催化剂，按比例混合，经加热熬制成的树脂。将其溶液挤入砂岩油层，以柴油增孔，再挤入盐酸作固化剂，在油层温度下反应固化，将疏松砂岩胶结，防止油、水井出砂。该方法适用于油水井早期出砂，施工工艺简单，但成本较高，施工作业时间长。

B. 酚醛溶液地下合成防砂

酚醛溶液地下合成防砂是将加有催化剂的苯酚与甲醛，按比例配料搅拌均匀，并以柴油为增孔剂。酚醛溶液挤入出砂层后，在油层温度下逐渐形成树脂并沉积于砂粒表面，固化后将油层砂胶结牢固，而柴油不参加反应为连续相充满孔隙，使胶结后的砂岩保持良好的渗透性，从而起到提高砂岩的胶结强度，防止油气层出砂的方法。该方法为油井先期和早期防砂方法，适用于温度高于 60℃，黏土含量较低的中、细砂岩油层。平均有效期两年以上，施工较为简单，对已大量出砂或出水后防砂效果差的油井，不宜选用。

② 室内评价

酚醛树脂固砂剂为液相水溶液，处理半径大，与地层砂固结好，由树脂 94％和固化剂 6％组成，使用浓度 10％，固结温度 50℃～60℃，抗压强度≥3MPa，渗透率保持率≥75％，地层用量 7m 以内 15 方，7～12m 之间 20 方，12～20m 之间 25 方，＞20m 时之间 30 方。缺点为地层原油、污染影响固结强度。

③ 适应性评价

2000 年 5 月该工艺在尚 7－9 井进行了酚醛溶液地下合成防砂试验，为弥补地层亏空，首先进行地层预充填石英砂，然后进行酚醛溶液地下合成防砂施工，措施后取得了一定的效果，但产液量较低，有效期较短。目前该工艺已经停止使用。

（3）新型低黏活性固砂剂

针对部分侧钻频繁出砂井化学防砂难度较大的问题，通过与工程院合作，引进低黏活性固砂剂。低黏活性固砂剂的特点为其强度不受油膜水膜影响，20％原油下，强度在 7.5MPa 左右，渗透率高达 17.5D。

① LVA－1 固砂剂固砂效果性能评价

A. 固结砂芯扫描电镜测试

冷场发射扫描电子显微镜如图 6－1 所示，固砂剂完全包覆于砂粒表面，在偶联剂和固化剂等作用下，发生交联反应的活性固砂剂形成交联的网状结构，砂粒相互桥接胶结，同时砂粒之间的孔状结构又一定程度上保证了固结体的渗透率。

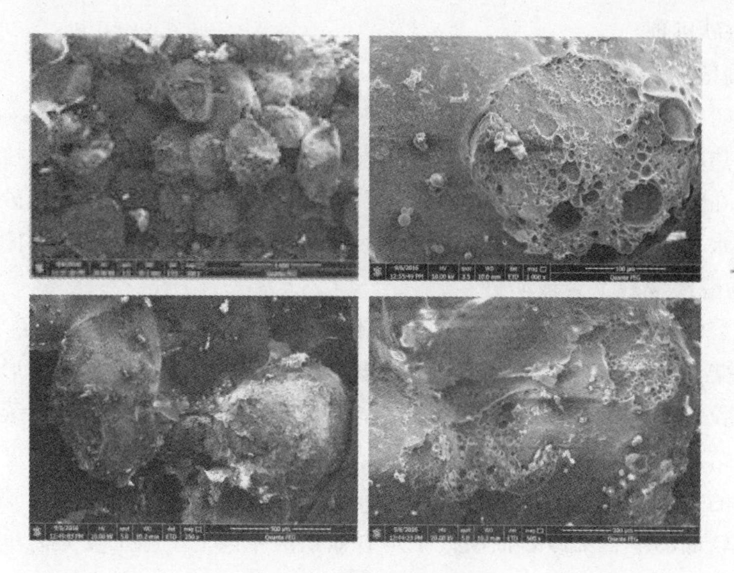

图 6－1 黏结断面 SEM

B. 抗老化实验

在防砂作业后，要求所使用的防砂方法能有效地阻止砂粒运移到井筒内，而且要求使用的防砂方法具有较长的有效期，以免经常进行修井作业，不但增加了成本，也大大影响了油井的正常开采。对于化学固砂剂而言，为了保持其拥有较长的有效期，则需要所使用的固砂剂在高温、高湿的地层环境下能够长时间保持较好的强度与渗透率，这就要求化学固砂剂具有较强的抗老化性能。

将制作好的固结体放入水浴 60℃ 中固化反应 72h 后得到的固结岩心放入清水中，然后放入恒温水浴中进行老化实验，每隔五天取出部分岩心对其抗压强度和渗透率进行测量，测量结果见表 6－11 所列。

表 6－11 老化时间对抗压强度及渗透率的影响

老化时间/d	抗压强度/MPa	渗透率/μm^2
5	9.1	6.6
10	8.4	7.1
15	8	7.9
20	7.1	8.3
25	6.9	8.9

C. 聚合物吸附对树脂固砂剂固结强度的影响

地层砂（0.093mm）浸泡入不同浓度的活性固砂剂乳液中 24h，水下 60℃下形成固结岩心，测定其固结强度。

实验结果表明：随着聚合物浓度上升，其他类型的固砂剂随着聚合物浓度增加而迅速下降，而活性固砂剂抗压强度基本保持不变。活性固砂剂的活性基团具有洗油特性，可以去除储层岩石中吸附的聚合物，从而不受聚合物浓度的影响。（图 6－2）

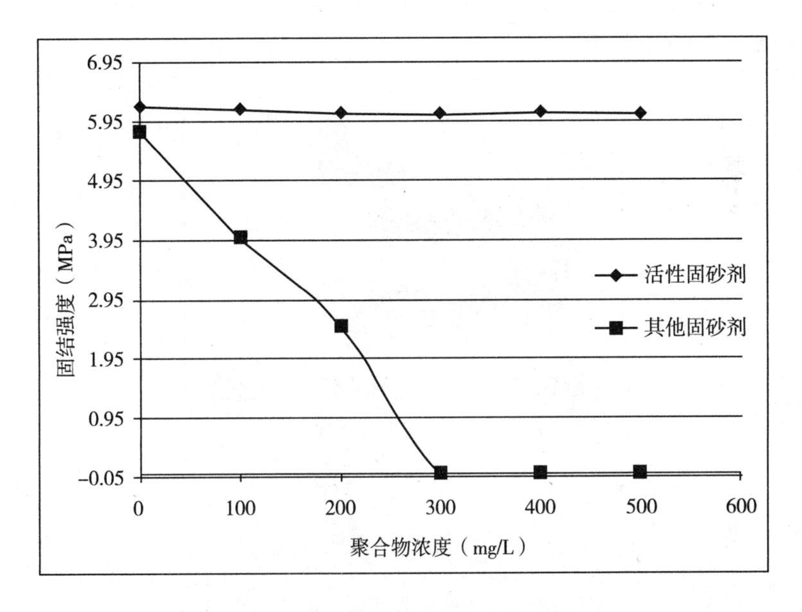

图 6－2　聚合物浓度对抗压强度的影响

D. 活性固砂剂对固结岩心抗折强度的影响

取长度为 13.0cm±1.0cm，直径为 2.5cm±0.1cm 的岩心试件，在 60℃下固结不同的时间，制成树脂模块后放在岩心夹持器中。

按下式计算抗折强度：

$$R_f=\varepsilon\times 9.81\times F_\tau/D^3$$

式中：R_f——式样在常温下的抗折强度，MPa；

F_τ——式样抗折时的载荷，N；

D——式样折断处的直径，cm；

ε——抗折强度系数，其值为 2.497cm。

表 6-12 固化时间对固结强度的影响

固结时间 h	0	20	40	60	80	100
抗折强度 MPa	0	7.60	7.68	7.68	7.70	7.70

由表 6-12 所列可知，经过两天后砂样的抗折强度和抗压强度达到较高的值。此后，随着固结时间的延长，强度还逐渐略有增大。

E. 胶粒形态和粒径对固结强度的影响

将乳液样品稀释适当倍数，染色后用移液器取样于铜网上成膜，用透射电子显微镜观察乳胶粒子的形态。(图 6-3)

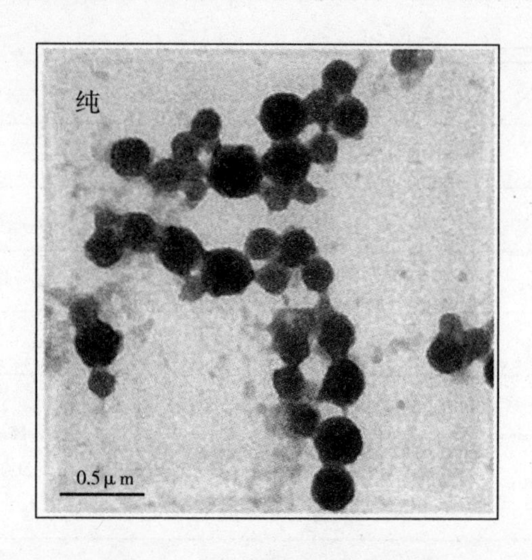

图 6-3 树脂乳液透射电镜图

稀释乳液样品至接近透明，样品池装样，利用激光粒度分析仪测定粒径大小及其分散指数，当时，乳胶粒子为单分散。每个样品分别测试三次取平均值，同时对比其他类型固砂剂强度。

表 6-13 粒径对固砂强度的影响

	固结强度/MPa							
粒径 (mm)	0.079	0.093	0.106	0.121	0.135	0.148	0.169	0.187
XD－3 类	6.34	6.28	6.12	7.79	7.69	7.53	7.35	7.16
活性固砂剂	7.76	7.12	6.95	6.89	6.53	6.12	7.89	7.82

由表 6-13 所列可知，随着地层砂粒径增大，固结强度逐渐下降，但下降不

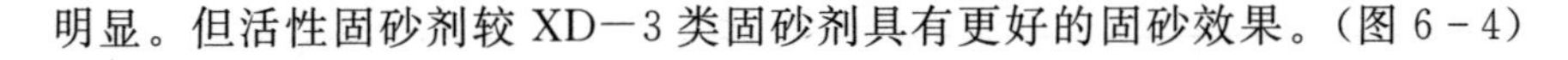
明显。但活性固砂剂较 XD－3 类固砂剂具有更好的固砂效果。(图 6－4)

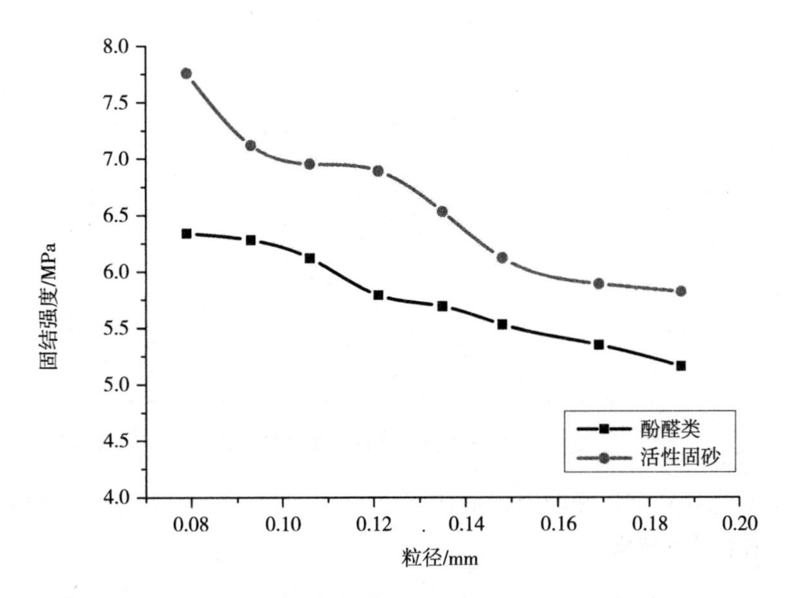

图 6－4　不同树脂粒径对固结强度的影响

② LVA－1 固砂剂井底环境下性能评价

随着老油井开发程度加深，地层和油井出砂日趋复杂化、多元化，在油井作业中，油层不同其温度、酸碱度、矿化度和泥质含量不同，会对树脂防砂造成严重的危害。考虑到井下环境因素复杂，对井下环境进行模拟实验，使配方进一步得到优化。

前置清洗液具有高效溶解有机杂物的能力，预防地层黏土膨胀、运移，并且与地层水配伍性好，性能稳定。因此前置清洗液采用过滤地层污水配制的 2%BS－12 表面活性剂溶液。

固砂剂配方体系，以环氧树脂为主要成分，并添加适量固化剂、稀释剂、软化剂、偶联剂及纤维，使之在短时间内固化形成高强度固结体，扩孔液可使地层保持较高的渗透率。

顶替扩孔液为柴油，将管道中和孔隙间的固砂剂顶替到地层深处，起到扩孔作用。

A. 原油附着对树脂固砂剂固结强度的影响

将带有污水的油砂装入 Φ25mm×25mm 的填砂管中，两端夹带孔胶塞压实。向玻璃管注入 1PV 配置好的固砂剂，然后再注入 1PV 的柴油作为顶替扩孔液。置于 60℃的恒温水浴中固化 72h，测定固结体的抗压强度和渗透率。重复上面的

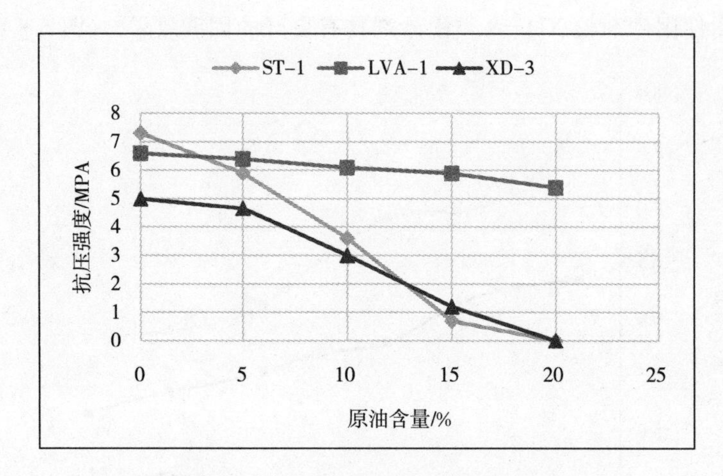

图 6-5　原油含量对抗压强度的影响

步骤，再注入 1PV 配置好的固砂剂前，注入 2～3PV 的 2%BS－12 表面活性剂溶液，对油砂进行清洗。

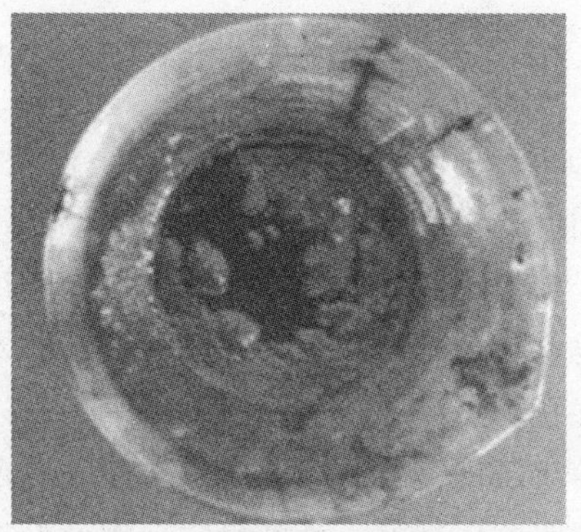

图 6-6　含油地层砂粒状态

随着地层砂表面黏附原油及污水含量的增加，普通固砂剂的吸附效果变差，原油附着在砂粒表面，阻碍了树脂在砂粒表面的固结，导致固结体性能差，抗压强度显著降低。原油含量超过 10%，固砂剂 ST－1 固结效果已经达不到 4MPa 的要求。但是活性固砂剂受原油含量影响很小，固结强度基本保持不变，这是由于活性固砂剂的洗油性质。(图 6-5、图 6-6)

B. 泥质含量对树脂固砂剂固结强度的影响

实验用不同体积的膨润土配比不同泥质含量，在 60℃恒温条件下测得固结强度结果如下：

由图 6-7 所示可以看出，泥质含量越高，固结体固结强度越低。这是因为

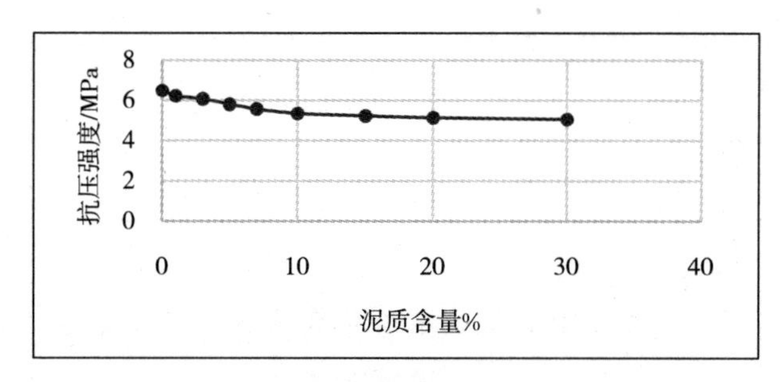

图 6-7　不同固砂剂泥含量对抗压强度的影响

泥质与固砂剂产生弱胶结，树脂固砂剂中的偶联剂等反应弱，不利于—Si—O—的形成。

C. 粒度中值对树脂固砂剂固结强度的影响

实验模拟了不同粒径地层砂对水浸泡固结体 24h 后，测得固结体固结强度随粒径的变化曲线如图 6-8 所示。

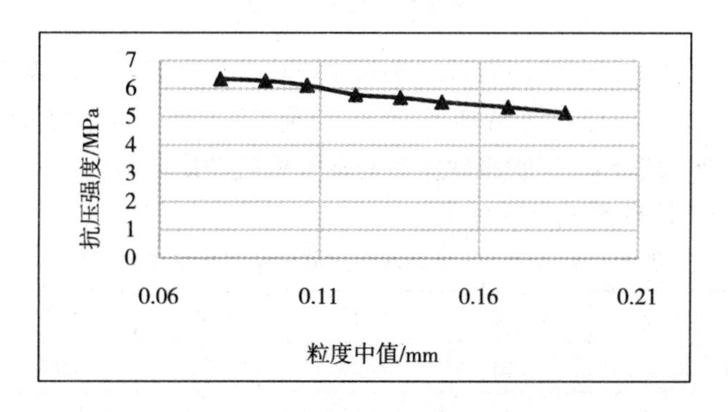

图 6-8　粒度中值对抗压强度的影响

实验结果表明：随着粒径的升高，抗压强度逐渐下降，盐的加入会加快固化反应的进行，缩短固化时间，但使得固化后抗压强度下降。所以在实际应用中要考虑粒度中值对固化效果的影响。

D. 地层温度对树脂固砂剂固结强度的影响

温度对环氧树脂的固化有很大影响。温度不同，固化后树脂的性质也不同。为此，对不同地层温度下树脂固化时间和固化强度进行了测定。(图 6-9)

结果表明：最佳适应温度在 45～150 度之间。

③ 连续冲蚀性能评价

大排量水冲砂实验用恒流泵测试在模拟地层流体流动情况下，散砂固结体出砂情况。冲砂用固结体按基本配方 60℃下烘 24h 制作成 Φ2.5cm×5cm 的规格。冲刷流量设定为 30mL·min^{-1}，时间为 7 天，冲砂过程中水压保持在 2MPa 左

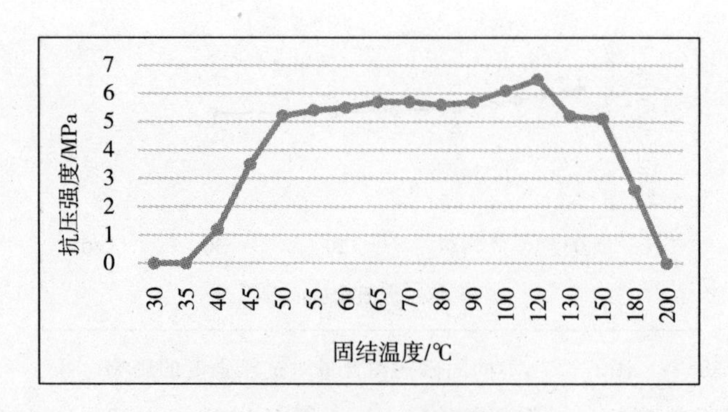

图 6－9　温度对抗压强度的影响

右，采集固结体末端水样，滤纸过滤后取滤纸上的湿砂干燥后称重，以出砂率作为评价标准：

$$出砂率=\frac{出砂干重}{固结体冲砂前干重}\times 100\%$$

经过 7 天大排量长时间冲刷后，固结体外观保持良好，固结体样品末端产出水中含砂干重为 0.01g，固结体冲砂前干重 36.32g，固结体的出砂率仅为 0.0275%，表明改性环氧树脂固砂体系有良好的抗冲刷能力。

④ LVA－1 固砂剂低温效果评价

表 6－14　LVA－1 低黏活性固砂剂低温固结效果评价

	30 度	35 度	40 度	45 度	50 度	60 度
LVA－1	2.68	4.21	7.23	6.12	6.58	6.98
	2.95	4.23	7.78	6.89	6.75	7.23
	3.12	4.56	7.01	6.34	6.78	7.21

经过模拟井底温度，测得 LVA－1 固砂剂在低温下的性能，最低使用温度可以达到 30 或 35 度，30 度下亦能保证起到较好的固结效果。

⑤ LVA－1 低黏活性固砂剂使用说明

该固砂剂是由浓缩液按照 1∶4 清水的比例进行配制，最大可以放大到 1∶6 清水，需要根据单井的地质数据进行混配，现场使用过程中，必须采用清水进行配制，原材料可以通过物流等方式进行运输。

施工过程中，需要准备配液池，1m^3 左右即可；前置液可以采用清洗剂进行清洗，也可以直接用清水进行清洗；无须添加防膨剂、携砂液等其他助剂，该固砂剂对地层伤害较小，无须考虑固砂剂的地层伤害。

该固砂剂在胜利油田累计应用超过 500 吨，现场使用超过 50 井次，最长有效期已经达到 700d，在井底的实际固结强度较高；施工井单井增液、增油在 20%以上，具有较好的渗透性。

选井条件：地层无亏空或亏空较小的油水井，油层温度>30 度。

该工艺在 LFLN11CN7 井、LFLZ7C12 井实施后，目前正常注水。截至目前累注水 5518m^3，初步见到一定效果。

表 6 - 15　抗压强度与渗透率的对比表

药剂	抗压强度 MPa	渗透率 D
低黏活性固砂剂	7.5	17.5
树脂固砂剂	4.0	0.9

6.2.2　水井机械防砂工艺技术

目前尚店、林樊家油田机械防砂井 48 口，其中机械防砂笼统注水 36 口（转注 17 口），平均防砂有效期 4.2 年；分防分注分体式管柱 5 口，平均防砂有效期 3.2 年；分防分注一体化管柱 7 口，平均防砂有效期 2.7 年。

表 6 - 16　尚林油田机械防砂统计表

<table>
<tr><th colspan="2">工艺</th><th>实施井数（口）</th><th>中途失效原因</th><th>失效井数（口）</th><th>目前在井（口）</th><th>有效期（年）</th></tr>
<tr><td colspan="2" rowspan="2">机械防砂笼统注水</td><td rowspan="2">36</td><td>结垢</td><td>9</td><td rowspan="2">36</td><td rowspan="2">4.2</td></tr>
<tr><td>出砂</td><td>5</td></tr>
<tr><td rowspan="3">机械防砂分层注水</td><td>分防分注分体式</td><td>5</td><td>无</td><td>0</td><td>5</td><td>3.2</td></tr>
<tr><td rowspan="2">分防分注一体化</td><td rowspan="2">7</td><td>测调遇阻</td><td>3</td><td rowspan="2">3（待大修）</td><td rowspan="2">2.7</td></tr>
<tr><td>查管转大修</td><td>1</td></tr>
</table>

1. 传统机械防砂—笼统注水工艺

主要采用滤砂管和挤压充填防砂工艺，井下保留了机械防砂管柱，注水方式采用笼统注水。

（1）滤砂管防砂工艺设计

① 管柱设计原则

主体滤砂管长度应超过目的层上、下限各 2～2.5m。对管柱采取扶正措施，优选可溶性扶正器，扶正器最大外径比套管内径小 4～6mm。优先选用相应尺寸双向卡瓦悬挂式丢手工具。

② 滤砂管参数选择

见表 6－17、表 6－18 所列。

表 6－17　滤砂管直径选择表

套管尺寸 in	滤砂管外径 mm
4½	50≤D≤73
5	73≤D≤90
5½	90≤D≤108
7	108≤D≤140
9⅝	140≤D≤180

表 6－18　滤砂管过滤精度选择表

地层砂粒度中值 mm	过滤精度 mm
＞0.08	0.06
＞0.1	0.07
＞1.2	0.09

③ 滤砂管施工管柱

主要由丝堵、滤砂管、扶正器、光管及悬挂防砂封隔器等组成。其施工管柱结构如图 6－10 所示。

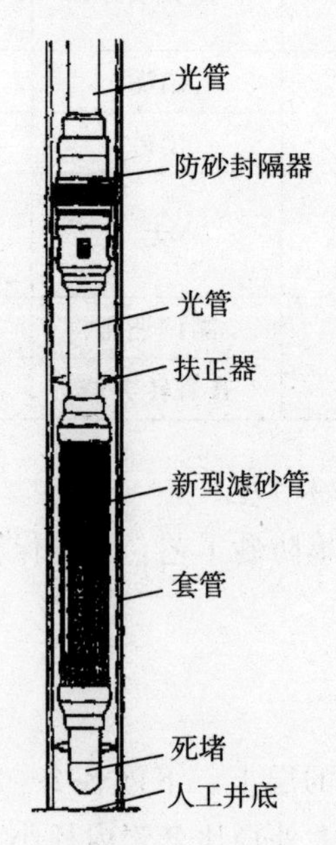

图 6－10　滤砂管施工管柱结构示意图

④ 滤砂管防砂适应范围

见表6-19所列。

表6-19 滤砂管防砂适应范围表

范围 \ 防砂方法	金属棉滤砂管	金属毡滤砂管	环氧树脂滤砂管	割缝衬管	筛网式滤砂管
地层砂尺寸	中粗	中粗	中粗	中粗	中粗
非均质储层	适用	适用	适用	适用	适用
井段长度	不限	不限	不限	不限	不限
套管完井	适用	适用	适用	适用	适用
井斜	直、斜、水平井	直、斜、水平井	直、斜、水平井	直、斜、水平井	直、斜、水平井
严重出砂	适用	适用	适用	适用	适用
井下留物	有	有	有	有	有
有效期	长	长	较长	长	长
费用	中	中	低	低	高

（2）砾石充填防砂工艺设计

① 工艺管柱设计

对于防砂层为单层或夹层较短、油藏的均质性较好的出砂加剧、地层亏空严重的多层井，采用单层砾石充填防砂管柱。在非均质性严重的多油层井中，为解决笼统充填影响防砂效果的难题，采用分层充填防砂管柱。

单层砾石充填防砂管柱组成：单层挤压充填防砂工艺管柱主要由挤压充填工具、光管、充填信号指示总成、油层筛管、丝堵等组成。

砾石充填工具是单层挤压充填防砂工艺管柱中的关键部件，种类较多，最常用的是具有大通径、高承压、强悬挂的高压挤压充填工具系列，主要是由座封装置、密封组件、锁紧装置、悬挂装置、丢手装置、解封装置和填砂装置等七大部分组成。(图6-11)

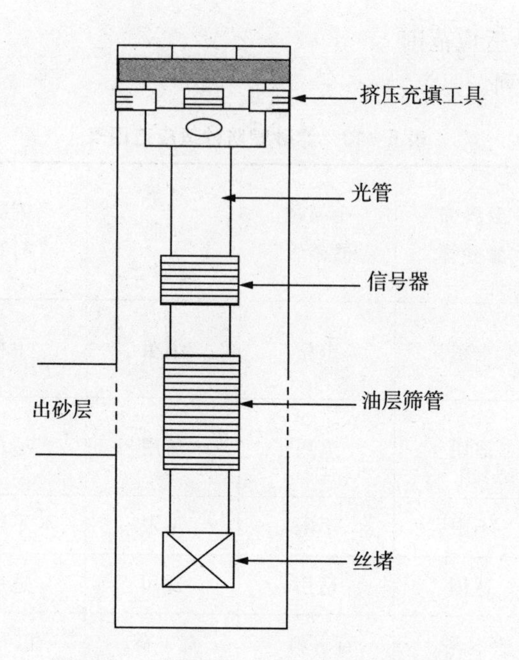

图 6-11　单层砾石充填防砂管柱示意图

表 6-20　砾石充填系列工具性能参数表

型号	适用套管，mm	外径 mm	流通通径 mm	悬挂能力 kN	封隔压力 MPa	解封力 kN
JC—95	114.3 (4½in)	95	50	350	30	80
JC—103	127 (5in)	103	55	450	30	80
JC—115	139 (5½in)	115	55	500	30	80
JC—152	178 (7in)	152	72	700	30	80
JC—210	244 (9⅝in)	210	100	900	30	80

② 防砂筛管

目前，石油工业的防砂筛管种类繁多、功能齐全，直斜井砾石充填防砂应用较多、防砂效果好，而且成本相对较低的是常规的绕丝筛管和复合绕丝筛管。

a. 绕丝筛管

为满足高产和防砂的需要，优选出的绕丝筛管规格必须既能保证大的生产流通面积又能提供合适的筛套空间。

表 6－21　国产绕丝筛管规格表

代号	筛管公称尺寸/mm (in)	筛管尺寸/mm		基管外径尺寸/mm
		外径	内径	
QPS 60	60（2⅜）	74	62	60.3
QPS 73	73（2⅞）	87	75	73.0
QPS 89	89（3½）	104	92	88.9
QPS 102	102（4）	117	105	101.6
QPS 114	114（4½）	130	118	114.3
QPS 127	127（5）	140	130	127.0
QPS 140	140（5½）	155	143	139.0
QPS 168	168（6⅝）	184	172	168.3
QPS 178	178	194	182	177.8

b. 复合绕丝筛管

复合绕丝筛管主要是由带孔中心管、精密过滤层、绕丝层组成。首先将作为基管的油管按照生产要求钻出有过流孔的中心管，把防砂过滤网按照精度要求排列层数卷成圆筒形一层一层套入中心管叠加成型、使得多层防砂过滤网压紧，最后形成整体过滤单元复合套筒，然后在整体过滤单元复合套筒外进行绕丝的缠绕，其精度根据粒度中值要求进行排列，最后两头用支撑盘将整体过滤单元复合套筒与中心基管焊接而成。

表 6－22　复合绕丝筛管规格表

型号	基管外径（mm）	基管内径（mm）	筛管最大外径（mm）	筛管长度（mm）	连接方式
GRS 114	Φ114.3	Φ99.6	Φ138±2	10000～110000	LC（BC）
GRS 127	Φ127	Φ108.6	Φ153±3		
GRS 140	Φ139.7	Φ124.3	Φ165±3		
GRS 168	Φ168.3	Φ150.4	Φ190±3		
GRS 178	Φ177.8	Φ159.4	Φ205±3		

③ 施工参数设计

A. 充填排量的设计

为确保挤压过程中，充填砂能够进入地层，施工排量应确保在炮眼附近携砂液的流速大于充填砂进入炮眼携砂液的最小流速 V_C，最小流速 V_C 确定如下：

$$V_c = 1.566(1 - C_v)^{0.543n_v}\gamma^{-0.09}d_p^{0.18}\left(\frac{\Delta\rho g}{\rho_l}\right)^{0.543}[0.8156(D_o - D_i)]^{0.457} \tag{6-1}$$

式中：V_c—— 临界流速；C_v—— 颗粒平均浓度；n_v—— 颗粒沉降受阻指数；γ—— 动力黏度；$\triangle\rho$—— 颗粒与液体之间的密度差，kg/m^3；g—— 重力加速度，m/s^2；d_p—— 颗粒平均直径，m；D_o—— 套管内径，m；D_i—— 油管外径，m。

然后通过最小流速 Vc，结合炮眼孔径和孔密，得出 1m 油层流量，根据油层厚度，并取合适的安全携带系数，计算出油层挤压施工排量。

B. 充填砂量设计

a. 循环充填砂量设计计算公式如下：

$$V = n(V_i + V_o) \tag{6-2}$$

式中：V—— 充填总砂量；

V_i—— 留塞体积；

V_o—— 管外充填体积；

n—— 经验系数，取值 1.2 ～ 1.5。

b. 挤压充填体积计算如下：

$$Vo = \pi R^2 H\xi \tag{6-3}$$

式中：R—— 地层充填半径；

H—— 射孔油层厚度；

ξ— 地层充填系数，一般取 0.3 ～ 0.5。

C. 充填砂粒径的设计

充填砂粒径的设计目前普遍应用的是 Saucier 理论和方法。根据 Saucier 的推荐，充填砂粒度中值为地层砂粒度中值的 5 ～ 6 倍，即

$$D_{mg} = (5 \sim 6)D_{mf} \tag{6-4}$$

式中：D_{mg}—— 充填砂粒度中值；

D_{mf}—— 地层砂粒度中值。

D. 施工工艺程序

井眼准备的内容，施工步骤（单层、多层等）。

a. 起原井管柱：起出原井管柱，观察原井管柱损坏及井底落物情况。

b. 探冲砂、调整砂面：下光油管探冲砂至人工井底，清除井内余砂，调整

砂面。

c. 通井：下通井规通至砂面（人工井底）。

d. 射孔：按射孔的孔径孔密选择射孔枪弹进行射孔。

e. 刮管、洗井：下带套管标准刮管器刮管至砂面（人工井底），在各封隔器座封位置反复刮削多次。用本地区污水充分反洗井，直至将井内的脏物完全冲出为止。

f. 油管、套管试压：对油管试压35MPa，稳压5min，压降小于0.5MPa为合格。大排量洗井2周以上，起管柱时要求水泥车边起边灌水。下套管试压工具油层以上10～20m，试压12MPa，5min不降为合格。

(3) 现场应用

目前水井机械防砂笼统注水井36口（转注17口），近几年存在问题井13口。(图6-12、图6-13)

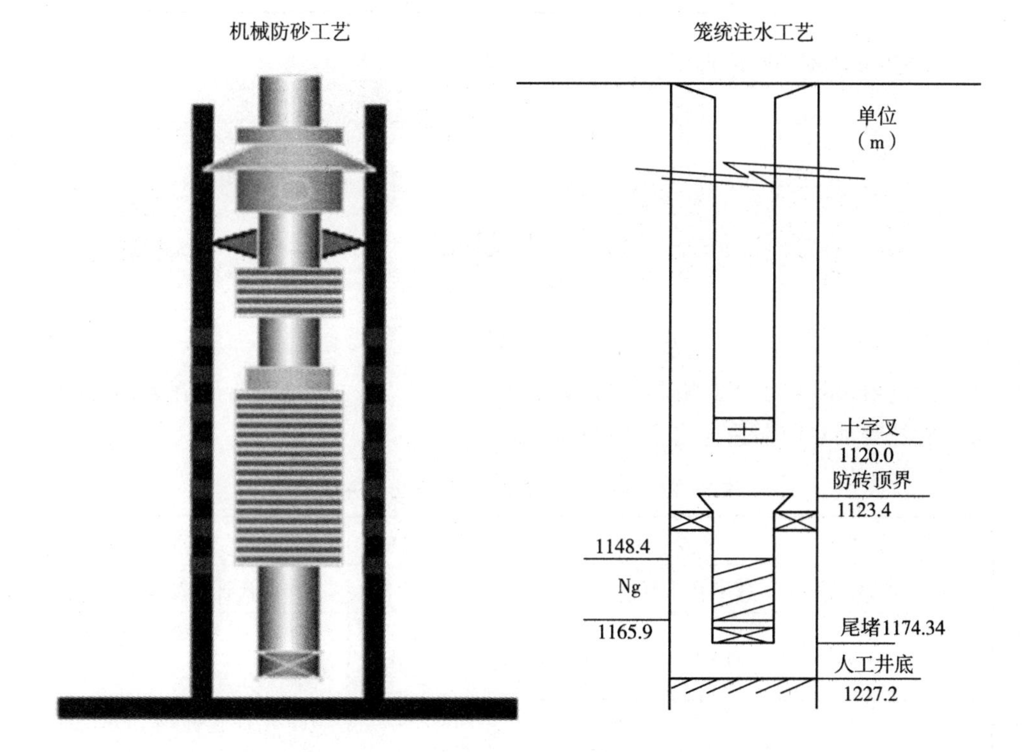

图6-12　机械防砂与笼统注水工艺示意图

结垢：近几年出现防砂管结垢堵塞井9口，除去结垢时间较长的LFLZ3X38、LFLZ3-72，平均结垢时间为398天。下一步需要定期对结垢井进行酸洗，周期定为1年。

表 6-23 尚林油田防砂管结垢井统计

序号	井号	防砂时间	平均结垢时间（天）	措施
1	LFLZ11N8	2013.7.7	368	2014.7.17 酸化
2	LFLZ8－10	2013.7.28	364	2014.7.10 酸化
3	LFLN5N3	2013.7.15	212	2014.9.14 酸化
4	LFLZ10X014	2014.11.13	265	2017.10.25 酸化
5	LFLZ3－72	2013.9.18	1008	2016.6 酸化
6	SDS5XN29	2013.3.7	725	2017.3 酸化
7	LFLN1N5	2014.12	65	2017.2 酸化
8	LFLZ3X38	2007.3 转注	2703	2014.8.4 酸化
9	LFLZ3X68	2013.9.8 转注	790	2016.7 酸化
平均			398	

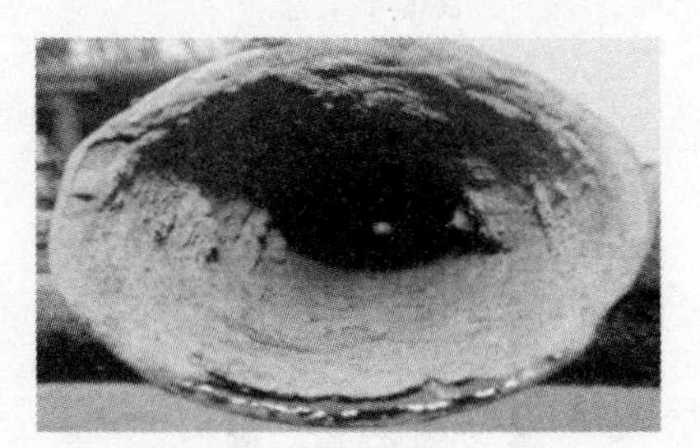

图 6-13 水井防砂管结垢图片

封隔器失效：由于封隔器失效造成出砂 4 口。下一步选用带卡瓦牙的工具，防止管柱蠕动对胶筒造成伤害。（图 6-14）

表 6-24 尚林油田胶筒/皮碗坏出砂井统计

序号	井号	单元	工具	防砂时间	问题
1	LFLZ9N12	林中 9 块基	5′皮瓦	2013.6.24	2016.1 查管砂高 21m
2	SDS9－49	尚 10－49	7′胶筒	2006.7 转注	2012.9.12 管线穿孔后注不进
3	SDS5XN29	尚 6－29 块基	5½′皮瓦	2013.3	2017.8 查管砂高 51m，冲砂投注后 103 天注不进，大修后化学防砂投注
4	SDB519	尚一区北	5½′皮瓦	2017.4 转注	2016.1 油压由 2Mpa 突然升至 10Mpa

图 6－14　封隔器损坏图片

2. 分防分注工艺技术

(1) 分防分注分体式技术

① 管柱结构

大通径分层机械防砂管柱主要由悬挂丢手封、分层封隔器、油管锚、挡砂封隔器、金属毡滤砂管、安全接头及其他辅助配套工具组成，采用一次丢手管柱实现多层系分层防砂。管柱丢手后可形成主通径达到 108mm 的防砂完井井眼，便于在其间使用常规 Φ73mm 油管进行分层注水完井，分层效果好，寿命长。全部分层和锚定工具都设计成可取式结构，各层段都匹配了安全接头，且挡砂封隔器可将地层出砂控制在油层井段，一旦滤砂管失效，拔滤和冲砂作业可相对简便。

防砂管柱分为外管防砂管柱和内管座封管柱。外管防砂管柱主要由悬挂丢手封隔器、QHY341－152 分层封隔器、QHDGM 油管锚、安全接头、挡砂封隔器、滤砂管等工具组成。(图 6－15)

内管座封管柱主要由座封丢手工具、补偿器、滑套式安全接头打开工具、密封插头、座封皮碗封隔器等工具组成。内、外管柱通过 QHXGF－152 悬挂丢手封隔器连接在一起。

内管在完成防砂管柱座封后全部提出井筒。

② 施工方法

a. 按设计管柱结构下入分层防砂管柱外管和内管，悬挂封隔器将内外管连为一体后整体下至设计位置。

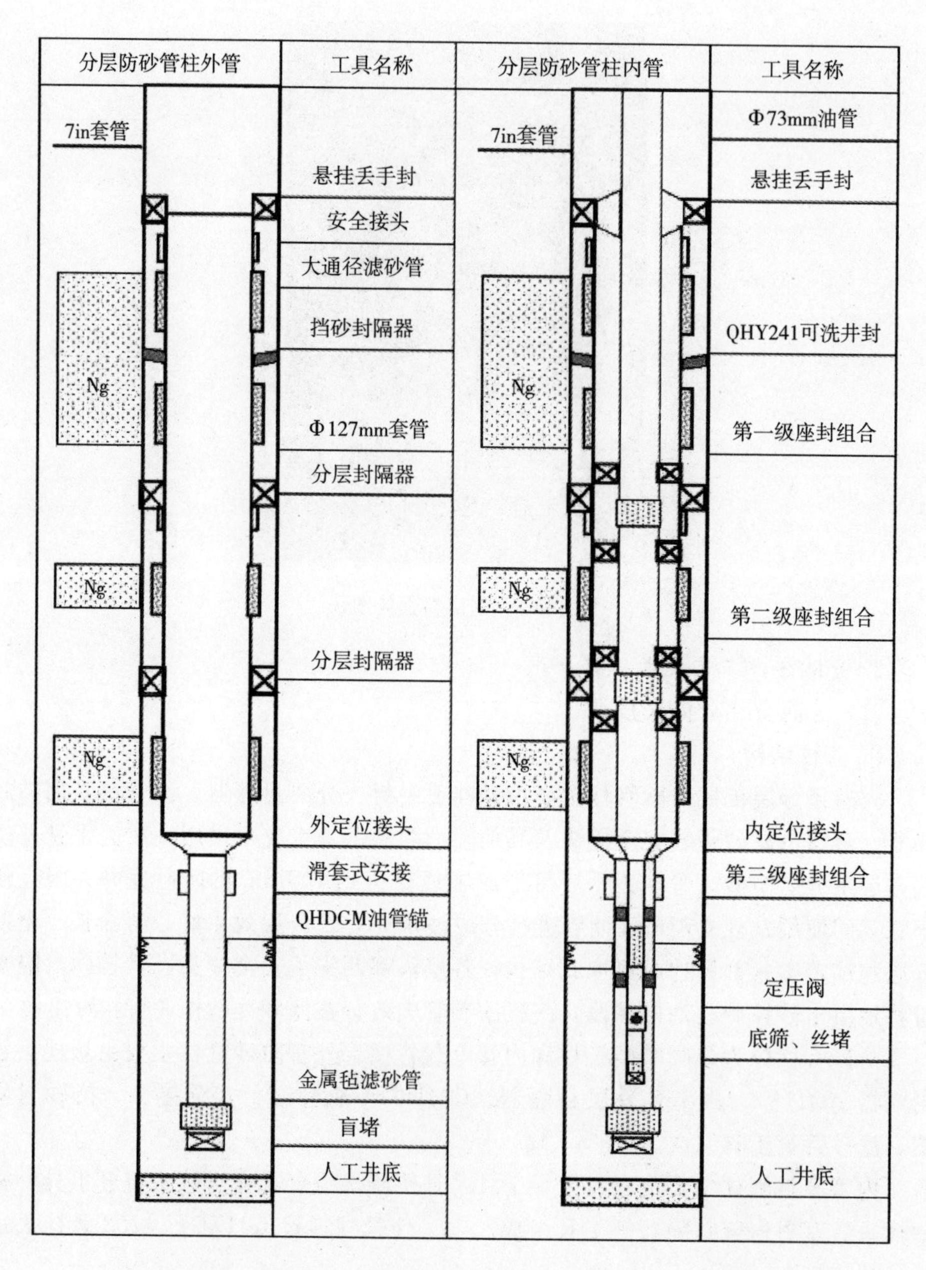

图 6-15 大通径分层机械防砂二次完井分层注水管柱结构图

b. 座封：油管内打液压 8、12、15、18MPa，各稳压 5min 完成座封。

c. 丢手：向油管内投入 Φ45 钢球，从油管内加液压至 20MPa，至压力突降，实现丢手，起出丢手管柱。如液压丢手不成则上提管柱，正转 25～30 圈丢手。

③ 工艺技术参数

a. 分层数：≤3层；

b. 防砂管柱最小通径：ф108mm；

c. 封隔器工作压差：20MPa；

d. 适应套管：7in套管；

e. 工作温度：≤120℃；

f. 适用井斜小于65°。

④ 工艺特点

a. 可实现多级分层防砂，预留井眼通径大，易实施分层注水、分层测试和调配工艺；

b. 使防砂和注水各成体系，注水检管或采取增注工艺措施时，可只起出注水管柱；

c. 防砂管外径大，地层出砂后，充填层薄，注流阻力小；

d. 考虑到修井作业需要，防砂管柱配备多级安全接头，以便于打捞滤砂管时的作业。

⑤ 现场应用

目前分体式管柱5口井累计注水245489m^3，SDS9X21、SDS12X21完成查管，其他3口井近三年未动管柱。由于分体式管柱配注管柱可以起出，造成大修概率小，该工艺有较好的适应性，下一步对其余三口井安排查管。

表6-25　分防分注分体式管柱效果统计表

序号	井号	注水时间	日配注 m^3	措施后				累计注水 m^3	截至目前有效期（年）	目前状况
				泵压（MPa）	油压（MPa）	套压（MPa）	日注 m^3			
1	LFLZ9X01	2013.9.20	20	11	6.4	3.0	22	82511	3.3	正常注水
2	LFLZ9X03	2013.12.6	50	11	7.5	7.5	50	83698	3.0	正常注水
3	SDS9X21	2013.9.12	50	10.2	9.2	8.8	50	28785	3.3	正常注水
4	SDS10X15	2013.9.29	20	6.4	6.3	6.1	1	18840	3.3	40#站泵压低
5	SDS12X21	2013.12.1	40	10.6	10.4	6.5	12	31655	3.0	泵压低
合计			240					245489	17.9	
单井			48	9.8	8.0	6.3	27	49097	3.2	

(2) 分防分注一体化技术

为适应大通径分层机械防砂后形成的108mm完井井眼，并考虑海洋施工、测试条件，专门设计研制了钢丝液力一体化可洗井分层注水管柱，包括可洗井封隔器、配水器、反洗阀等多种工具。该技术满足了分层注水、分层测试和全井筒洗井的工艺要求，分注成功率高，可通过钢丝投捞和液力投捞的方式，使测试、验封等操作简便可靠。经近2年27口分注井的现场试验，证明应用效果良好。

① 管柱结构

主要使用了井下安全阀、QHY241－152XJ可洗井封隔器、QHY341－104XJ可洗井封隔器、空心配水器、反洗阀及配套工具形成单管空心配水管柱。既可满足海上石油作业安全规范的要求，又可满足分层配水要求，并可实现全井筒洗井。管柱主通径62mm，便于采用钢丝投捞和液力投捞的方式完成吸水剖面测试、分层流量测试、水嘴调配、验封等工作。当管柱达到有效期需要检换井下工具时，上提管柱逐级解封封隔器，即可将全套注水工具提出井筒，而不会影响防砂管柱正常工作。(图6-16)

② 施工方法

按设计将注水管柱调配好，下至预定深度。油管打压，封隔器座封。其中，配水器带相应的座封芯子下入。封隔器座封后，利用钢丝绞车带下芯子打捞工具将各级座封芯子捞出。然后根据测试资料将配好水嘴的注水芯子从油管投入，再利用钢丝绞车带下加重杆和投送工具将各级注水芯子送至空心配水器内工作位置。

③ 技术原理

注水：正常注水时，注入水在402配水器的上端分为两部分，一部分水流经402配水器芯子上的水嘴注入上部地层，另一部分水流沿402配水器下行；水流在403配水器的上端又分为两部分，一部分水流经403配水器芯子上的水嘴注入中间地层，另一部分水流经404配水器注入下部地层。因水嘴和配水器的节流作用，各级可洗井封隔器的洗井活塞在压差作用下关闭，实现分层。

洗井：洗井液从套管注入，各级配水器失去内压后在弹簧作用下自动关闭。注入水首先推开QHY241－152XJ可洗井封隔器的洗井阀穿过封隔器，沿QHXGF－152封隔器内腔与注水管柱之间的环空下行，推开QHY341－104XJ可洗井封隔器的洗井阀穿过封隔器，从注水管柱底部的单流阀进入油管内部，上行直至井口，完成一个洗井循环。

配注量测试：采用井下存储式井下流量计，用钢丝下至402配水器以上位置，测得全井注入量，然后下到402配水器和403配水器之间，测得中下层吸水量，然后再下到 403 配水器和 404 配水器之间，测得下层吸水量。将所得吸水量逐层递减，即可获取各分层吸水量。

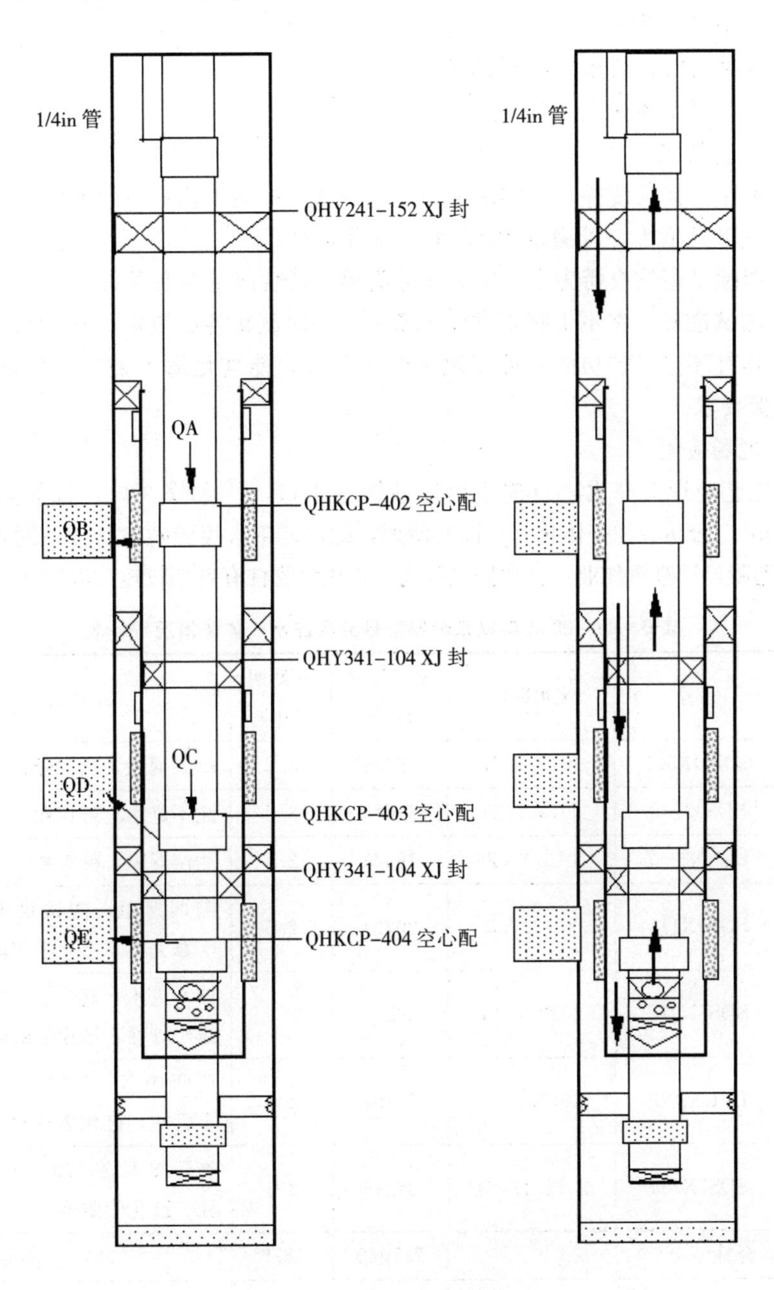

图 6-16　正、反注流程示意

④ 主要技术参数

a. 层数：≤3 层；

b. 封隔器工作压差：20MPa；

c. 洗井活塞开启压力：0.2MPa；

d. 配水器节流压差：0.5～0.7MPa。

⑤ 工艺特点

a. 可全井筒反洗井，能够清洗防砂管内壁，提高工艺管柱的工作寿命；

b. 洗井通道大，可满足 40m^3/h 的洗井排量；

c. 调配以钢丝投捞为主，实施工艺简单，适合海上平台条件；

d. 测试准确，在不干扰正常注水条件下同时测得各层流量、压力和温度；

e. 具有环空保护功能，可实现无套压注水，能满足海上油田开发的安全要求和环保要求。

⑥ 现场应用

该工艺应用 7 井次，目前拔出防砂管柱 4 口，待大修 3 口，目前累计注水 237062m^3。分防分注一体化管柱同心测调，配水器带水嘴随防砂管柱一同入井，一旦测试遇阻，须查管作业，转大修风险高，造成该管柱有效期较短，适应性较差。

表 6-26 2012 年以来分层防砂分层注水一体化情况统计表

序号	井号	注水时间	累计注水（m^3）	有效期（年）	目前状况
1	SDBNX501	2013.7.27	99384	3.2	测调遇阻，待大修补孔
2	SDS23－8	2013.7.21	31845	3.2	注不进水，待作业
3	LFLN2－7	2013.10.20	18543	2.5	测调遇阻，待大修
4	SDS4X111	2013.7.8	20224	2.6	测调遇阻，测试仪器落井，大修完毕，已化学防砂
5	SDS5N272	2013.7.15	9320	2.6	注不进水，转大修，2017.12 拔出管柱，已化学防砂
6	LFLN3N9	2013.6.29	29497	2.3	测调遇阻，2017.10 大修拔出管柱，已化学防砂
7	SDS7X291	2012.12.24	28249	2.5	查管转大修，2017.6 拔出管柱，已化学防砂
合计			237062	18.9	
单井			33866	2.7	

6.3　水井防砂优化工艺技术

针对前期水井防砂频繁出砂井存在的问题，滨南采油厂在 2016 年在现有工艺挖潜，加强防砂技术适应性分析基础上，对水井防砂工艺进行了三个优化，一个配套，使防砂工艺配套集成化，进一步提升了水井防砂的适应性。

6.3.1　施工参数优化

随着尚林油田近年注采井网的逐步完善，部分区域油压显著提升，现有化学防砂工艺难以满足注水开发需要。为此，通过前期调研总结，对现有防砂工艺在清洗剂、施工排量、化学药剂选择及用量、现场施工方式等方面进行优化，提升水井化学防砂的整体有效水平。

1. 地层预处理

对于新补孔含油饱和度较高水井，前置油层清洗剂，再大排量树脂防砂。新补孔层含油饱和度较高井实施前期挤注油层清洗剂＋本区块采出水（>50℃），用于溶解近井地带原油，清洗地层，再进行大排量树脂防砂。SDS6－352 井 2016 年大修后补孔 Ng25 分注，由于补孔层含油饱和度高（43.37%、38.44%），实施此工艺，该井 12.8 投注，截至目前累注 445m^3，注水正常。

2. 施工排量优化

目前化学防砂有效期较短井原因主要在于处理半径小、挡砂屏障距离短。为此首先对施工排量进行优化。

通过数值模拟研究得出结论：

最低渗透率≥$200\times10^{-3}\mu m^2$，对于纵向渗透率极差≥3，选择排量 1000L/min；对于纵向渗透率差异≤2，选择排量 800L/min；最低渗透率<$200\times10^{-3}\mu m^2$，选择排量 1000L/min。

3. 药剂用量优化

针对频繁出砂井优选酚醛树脂，树脂固砂剂为液相水溶液，与地层砂固结好，药剂强度由 2m^3/m 提升至（2.5～3）m^3/m，药剂用量放大。15 方循环池配液，持续泵入井内，保障施工的连续性及可靠性。该工艺已实施 17 口井，累注水 59883m^3，目前均注水正常，该工艺初步见到效果。

6.3.2 差异化防砂配套工艺

表 6-27 频繁出砂侧钻下套管井工艺配套

项目	小套管类型	井号	井数	工艺配套
侧钻、小套管井	N80×97.3×6.45（内径 82.4mm）	LFLN5C13、LFLN7CN3、LFLN7C12、LFLZ7C16、LFLN11CN7、SDS27－10	6	采用低黏活性固砂剂或大排量＋树脂
	N80×102×6.65（内径 88.7mm）	LFLN1－7	1	
	N80×114×6.35（内径 101.3mm）	LFLZ16C18、LFLZ4C22、LFLN5－7	3	如无需分注，实施机械防砂，提高防砂强度
	N80×127×9.19（内径 108.6mm）	LFLZ16－14、SDS26－4	2	
合计			12	

表 6-28 正常套管频繁出砂井工艺配套

项目	井号	井数	下步对策
套损带病投注井	LFLN9XN16、LFLZ13－016、SDS3－33、LFLN4－11	4	先套管治理，再根据治理情况制订防砂方案
含油饱和度高井	SDS6X351、SDS6X353、SDS3X291（尚一区北）、LFLN4X24	4	1. 前置正挤油层清洗剂 2. 采用低黏活性固砂剂/大排量＋树脂
部分层间差异大井	LFLN8N3、SDS11X251、SDS6X015、SDS8XN7、SDS5XN212、LFLN5XN7、SDS7XN15	7	分层化学防砂
正常油压区域频繁穿孔导致出砂井	LFLZ11N12、LFLN5－024、LFLZ7N20、SDS28X10	4	大排量＋树脂
油压高区域穿孔导致出砂井	LFLN2－15、LFLN4X28、LFLZ9X04（林中九 EK 以及林 11－6）	3	笼统注水：机械防砂/大排量＋树脂分层注水：机械分防分注分体式管柱/分层化防
合计		22	

六类（34 口）水井化学防砂有效期短，工艺适应性较差，通过论证分析对这部分水井分类，差异化配套防砂工艺，实施针对性的防砂，起到了较好的效果，同时应用防返吐配水器、密闭扩张封隔器、定压沉砂洗井阀三套工具提高管柱防返吐能力。在地面方面，安装新式单流阀，定期检修、更换，加强地面管理，减少地面管线等压力激动。（图 6－17、图 6－18）

图 6－17　新型单流阀

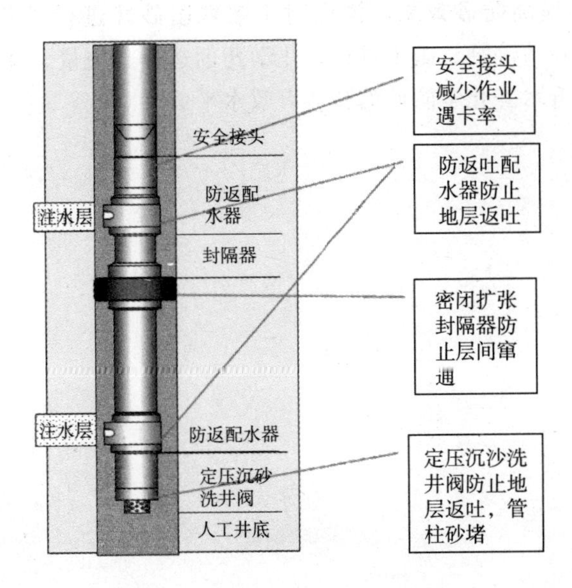

图 6－18　防返吐注水管柱

6.4 水井防砂技术总结

1. 滨南采油厂属于低粒径中值（0.09～0.15mm）、埋深浅（950～1250m）的水驱油藏，水井投注前需实施防砂。其中化学防砂为主，为73.1%，有效期为1560天，机械防砂为辅，为18.0%，有效期3～4年，未防砂井占8.9%。

2. 化学防砂施工简便，前期大量应用，但笼统防砂对于非均质油藏适应性差，需要推广分层化学防砂工艺。工程院分层化学防砂工艺管柱以及LAV－1低黏活性体系性能优异，具有较好的推广潜力。

3. 机械防砂有效期长，在滨南得到了一定应用，但传统滤砂管工艺只能满足笼统防砂工艺要求，随着分层注水工艺推广，分防分注工艺在滨南迅速发展。

4. 分防分注分体式技术在滨南试验5口井，累计注水245489m^3，SDS9X21、SDS12X21完成查管，其他3口井近三年未动管柱。由于分体式管柱配注管柱可以起出，大修概率小，该工艺在滨南表现出一定的适应性。

5. 分防分注一体化管柱同心测调，配水器带水嘴随防砂管柱一同入井，一旦测试遇阻，须查管作业，转大修风险高，在滨南应用时效期较短，适应性较差，须进一步改进。

6. 为进一步提高防砂效果，滨南对于频繁出砂井进行了差异化工艺配套，对现有防砂工艺在清洗剂、施工排量、化学药剂选择及用量、现场施工方式等方面进行优化，提升水井化学防砂的整体有效水平。

参考文献

[1] 万仁溥，等．采油技术手册（防砂分册）[M]．北京：石油工业出版社，1985.

[2] 张琪．采油工程原理与设计 [M]．东营：中国石油大学出版社，2000.

[3] 万仁溥．采油工程手册（下册）[M]．北京：石油工业出版社，2000.

[4] 董长银．油气井防砂技术 [M]．北京：中国石化出版社，2009.

[5] 胜利油田《采油工艺研究院志》编审委员会．胜利油田采油工艺研究院院志 [M]．东营：中国石油大学出版社，2004.

[6] 张毅．采油工程技术新进展 [M]．北京：中国石化出版社，2005.

[7] 罗英俊，万仁溥．采油技术手册（第三版）[M]．北京：石油工业出版社，2004.

[8] 周建良，李敏，王平双．油气田出砂预测方法 [J]．中国海上油气，1997，9 (4)：28 - 36.

[9] 董长银，张启汉，饶鹏．气井系统出砂预测模型研究及应用 [J]．天然气工业，2005，25 (9)：98 - 101.

[10] 周延军，贾江鸿，程远方．出砂预测新方法及应用研究 [J]．广西大学学报，2011，36 (2)：308 - 313.

[11] 王希玲，朱春明，康敬水，等．机械完井防砂方式优选研究与应用 [J]．新疆石油天然气，2012，8 (3)：42 - 44.

[12] 朱春明，王希玲，张海龙．化学防砂方式优选研究与应用 [J]．新疆石油天然气，2012，8 (4)：42 - 44.

[13] 潘一，杨尚羽，杨双春，等．化学防砂剂的研究进展 [J]．油田化学，2015，32 (3)：449 - 454.

[14] 曾庆坤，等．断块油气田 [J]．油田化学，1997，4 (2)：64 - 66.

[15] 王杰．化学防砂在疏松砂岩油藏中的应用与趋势 [J]．广东化工，2013，40 (263)：82 - 85.

[16] 王希玲，朱春明，康敬水．水平井大通径精密滤砂管试验浅析 [J]．新疆石油天然气，2013，8 (3)：42－44.

[17] 匡韶华，柳燕丽．油井滤砂管挡砂精度测试方法探讨 [J]．重庆科技学院学报，2012，14 (6)：61－64.

[18] 李波，吴晓东，安永生，等．水平井精密滤砂管完井表皮因子计算模型 [J]．石油钻采工艺，2012，34 (3)：52－56.

[19] 王毅，杨海波，彭志刚．精密复合滤砂管防砂完井技术 [J]．石油机械，2008，36 (6)：60－61.

[20] 董长银，张清华，高凯歌．挡砂介质变形及挡砂精度变化规律研究 [J]．石油机械，2016，44 (10)：97－102.

[21] 吴建平．防砂筛管受热变形分析 [J]．石油钻采工艺，2010，32 (1)：45－49.

[22] 朱骏蒙．水平井裸眼砾石充填防砂完井工艺在胜利海上油田的应用 [J]．石油钻采工艺，2010，32 (1)：45－49.

[23] 衣春霞．敏感性高泥质稠油油藏热采井防砂前的地层预处理技术研究 [J]．石油地质与工程，2009，23 (2)：100－102.

[24] 张振峰，张士诚，单学军，等．海上油田酸化酸液的选择及现场应用 [J]．石油钻采工艺，2001，23 (5)：57－60.

[25] 张泽兰．吐哈油田深层稠油水平井酸化解堵技术研究与应用 [J]．石油地质与工程，2007，21 (4)：86－88.

[26] 王青华，邹洪岚，邓金根，等．盐上油田防砂方法优选试验研究及现场应用 [J]．石油机械，2011，39 (2)：4－6.

[27] 田红，邓金根，孟艳山，等．渤海稠油油藏出砂规律室内模拟实验研究 [J]，石油学报，2005，26 (4)：85－87，92.

[28] 杨喜柱，刘树新，薛秀敏．水平井裸眼砾石充填防砂工艺研究与应用 [J]，石油钻采工艺，2009，31 (3)：76－78.

[29] 董长银，张琪，孙炜，等．砾石充填防砂工艺参数优化设计 [J]．石油钻采工艺，2006，28 (5)：57－61.

[30] 马代鑫．高压砾石充填防砂工艺参数优化设计 [J]．石油钻采工艺，2007，29 (3)：52－55，58.

[31] 智勤功，谢金川，吴琼，等．疏松砂岩油藏压裂防砂一体化技术 [J]．油钻采工艺，2007，29 (2)：57－60.

[32] 谢桂学，李行船，杜宝坛．压裂防砂技术在胜利油田的研究和应用 [J]．石油勘探与开发，2002，29 (03)：99－102.

[33] 吴建平．端部脱砂压裂防砂技术在老河口油田老168区块的应用 [J]．油气地质与采收率，2011，18 (02)：72-75.

[34] 刘燕．压裂充填防砂工艺在胜利油田的应用 [J]．断块油气田，2003，10 (02)：67-69.

[35] 董长银，武龙，汪天游，等．气井水平井防砂产能预测与评价模型 [J]．石油钻探技术，2009，37 (05)：20-25.

[36] 杨德兴，杨焦生，张震涛．压裂气井产能影响因素研究 [J]．钻采工艺，2010，33 (04)：32-35.

[37] 熊健，刘向君，陈朕．低渗气藏压裂井动态产能预测模型研究[J]．岩性油气藏，2013，25 (02)：82-85，91.